Python

视错觉魔法书

童晶 著

中国青年出版社

图书在版编目（CIP）数据

Python视错觉魔法书／童晶著. —— 北京：中国青年出版社，2022.8
ISBN 978-7-5153-6679-1

I.①P… II.①童… III.①软件工具-程序设计-青少年读物 IV.①TP311.561-49

中国版本图书馆CIP数据核字（2022）第090312号

律师声明

北京默合律师事务所代表中国青年出版社郑重声明：本书由著作权人授权中国青年出版社独家出版发行。未经版权所有人和中国青年出版社书面许可，任何组织机构、个人不得以任何形式擅自复制、改编或传播本书全部或部分内容。凡有侵权行为，必须承担法律责任。中国青年出版社将配合版权执法机关大力打击盗印、盗版等任何形式的侵权行为。敬请广大读者协助举报，对经查实的侵权案件给予举报人重奖。

侵权举报电话

全国"扫黄打非"工作小组办公室　　　　中国青年出版社
010-65233456　65212870　　　　　010-59231565
http://www.shdf.gov.cn　　　　　　　E-mail: editor@cypmedia.com

Python 视错觉魔法书

作　　者：童晶

出版发行：中国青年出版社　　　　　　　　　印　　刷：北京建宏印刷有限公司
地　　址：北京市东城区东四十二条 21 号　　开　　本：787 x 1092　1/16
电　　话：（010）59231565　　　　　　　　印　　张：16.25
传　　真：（010）59231381　　　　　　　　字　　数：120 千
网　　址：www.cyp.com.cn　　　　　　　　　版　　次：2022 年 8 月北京第 1 版
企　　划：北京中青雄狮数码传媒科技有限公司　印　　次：2022 年 8 月第 1 次印刷
主　　编：张鹏　　　　　　　　　　　　　　　书　　号：ISBN 978-7-5153-6679-1
特约顾问：秦莺飞　杨祺　　　　　　　　　　　定　　价：128.00 元
策划编辑：田影
特约编辑：刘雪娇　　　　　　　　　　　　　　本书如有印装质量等问题，请与本社联系
责任编辑：刘稚清　　　　　　　　　　　　　　电话：（010）59231565
书籍设计：张英　　　　　　　　　　　　　　　读者来信：reader@cypmedia.com
插图绘制：郭雪婷　吴茜　　　　　　　　　　　投稿邮箱：author@cypmedia.com
　　　　　　　　　　　　　　　　　　　　　　如有其他问题请访问我们的网站：http://www.cypmedia.com

童晶博士

浙江大学计算机专业博士，河海大学计算机系副教授、硕士生导师，中科院兼职副研究员。主要从事计算机图形学、虚拟现实、三维打印、数字化艺术等方向的研究，发表学术论文 30 余篇，曾获中国发明创业成果奖一等奖、浙江省自然科学二等奖、常州市自然科学优秀科技论文一等奖。

积极投身创新教学，指导学生获得英特尔嵌入式比赛全国一等奖、挑战杯全国三等奖、中国软件杯全国一等奖、中国大学生服务外包大赛全国一等奖等多项奖项。

具有 15 年的一线编程教学经验，开设课程在校内广受好评，获得河海大学优秀主讲教师称号。在知乎、网易云课堂、中国大学 MOOC 等平台的教学课程已有数百万次的阅读与学习。

著有《Python 游戏趣味编程》《Python 趣味创意编程》《C 和 C++ 游戏趣味编程》以及《C 语言课程设计与游戏开发实践教程》等图书。

眼见不一定为实，让我们看一些神奇的视错觉图片吧。

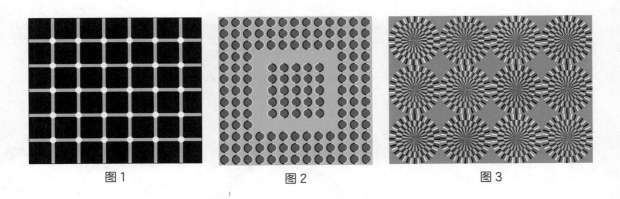

图1　　　　　　　　图2　　　　　　　　图3

当你盯着图 1 时，是不是在栅格的交会处会看到一些闪烁的小黑点？实际上，这是一张静态图片，"小黑点"其实是"小白点"。

图 2 是一张静止的图片，但画面中间的圆点仿佛在向左移动，是不是很神奇？

在图 3 中，静止的圆盘看起来却有种在转动的错觉，太神奇了！

这些视错觉图片就像具有魔法一样，你想知道魔法背后的原理吗？更重要的是，你想学会实现这些魔法的 Python "咒语"吗？

奇思异想的源泉

你去过机器人餐厅吗？你知道有些汽车工厂是机器人流水线生产吗？你家小区的门禁是人脸识别系统吗？你们学校检测体温的是机器人吗？在 1956 年达特茅斯学院首次提出"人工智能"学科 60 多年后，不知不觉间，人工智能已不再是远在天边的科幻字眼，而是近在眼前的生活现实。

什么是"智能"？实际上，人类大脑可称为"智能"。某种意义上，人工智能就是在模拟和延展人类的智能。据研究，人类 80% 的信息是由视觉系统传递的，大脑对这些信息进行定位、扫描成像、传输、存储等，并将各种行为联系起来形成人类智能。早期的深度神经网络就是基于人脑的通用物体识别架构发展而来，可见视觉对于"智能"研究的重要性。

什么是视错觉？视错觉一般分为三种：第一种是由图像本身的结构导致的几何学错觉，比如米勒－莱尔错觉（也称缪勒－莱尔错觉），在两条等长的平行线段中，两端箭头向内的线段比两端箭头向外的线段看上去更长；第二种是由感觉器官引起的生理错觉，比如赫尔曼栅格，在栅格交叉处出现"闪烁"的圆点错觉；第三种是心理原因导致的认知错觉，比如"鸭兔错觉"就是一张既像鸭子又像兔子的图片引发的错觉。视错觉涉及心理学、脑科学、光学和艺术等学科，在设计、建筑、广告和服装等领域也有着广泛的应用。

根据神经系统科学家的研究，人类的视觉反应比现实发生的要慢 100 毫秒，因此大脑形成了根据经验预测的反应机制。和人工智能不同的是，人脑不会因为预测和现实的逻辑矛盾而"死机"，它会试着修正自己，或者"扭曲现实"，创造一个新世界。

在本书中，我们借用 Python 这一工具，试着去还原不同类型的视错觉图片，同时了解计算机和人脑的视觉机制，探究奇思异想的源泉。

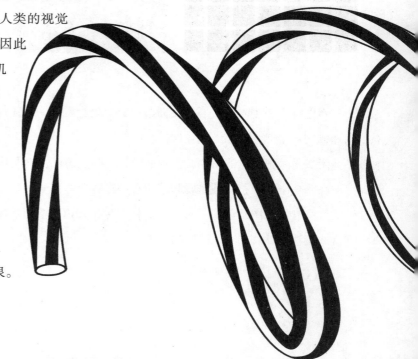

本书的使用方法

本书共 21 章，其中第 1 章是 Python 的快速入门，有 Python 编程基础的读者可以跳过。

从第 2 章开始，学习用 Python 绘制有趣的错觉图片。每章开头会介绍该章案例效果，你可以先观看对应的效果，然后运行最终版本的代码，以便对本章的学习目标有一个直观的了解。每个案例会分成多个步骤，从零开始一步步实现，书中列出了每个步骤的实现思路和相应的参考代码。你可以在前一个步骤代码的基础上，尝试写出下一个步骤的代码，碰到困难的时候可以参考书中代码。"动动手"部分的练习题，你可以先自己实践，再参考给出的答案。"幻象解密"部分会介绍该错觉发现的历史及背后的原理，你也可以利用 Python 编程进一步研究。

本书第 7、14、21 章为视觉实验室，你可以利用随书附送的实验材料，通过做手工的方式进行视错觉实验，体验"不插电"的实验效果。

本书提供了丰富详尽的教学视频和生动的效果演示视频，你可以扫描书中二维码观看。此外，如想要书中案例的分步骤代码以及"动动手"习题的完整代码，则可以扫描封底二维码下载。

本书适合任何对视错觉感兴趣的人，不论是孩子还是大人，既可以作为 Python 学习的参考书，也可以作为 Python 教学的趣味案例用书，还可以作为培训机构的参考教材。

现在打开这本书，用 Python 代码作为"咒语"，一起实现这些神奇的视错觉吧！

Contents **目 录**

1 Python 快速入门

什么是 Python

Python 是一种计算机编程语言，人们可以给计算机下达一系列的指令，实现特定的要求。Python 的标志是两条蟒蛇的图形，因为 Python 的原意是"蟒蛇"，是这门语言发明者吉多·范罗苏姆（Guido van Rossum）根据自己喜欢的喜剧节目命名而来。

和其他的编程语言相比，Python 语法简单、上手容易。另外，Python 的功能也非常强大，可以广泛应用于机器学习、数据分析、游戏开发和数字化艺术等多个领域，如图 1-1 所示。

图 1-1

02 安装海龟编辑器

要让计算机读懂 Python 程序，我们可以安装海龟编辑器。你可以在海龟编辑器中创建、编写、运行和修改 Python 程序。

图 1-2

◀ 第一步

在浏览器中输入网址：https://python.codemao.cn/，下载对应的客户端并安装软件，如图 1-2 所示。

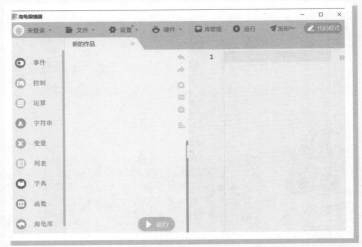

第二步 ▶

安装完成后，双击"海龟编辑器"图标，启动的界面默认为"积木模式"，如图 1-3 所示。

图 1-3

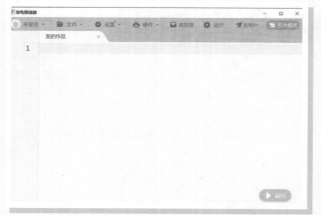

图 1-4

◀ 第三步

　　单击图 1-3 右上角的"代码模式"按钮，切换为图 1-4 中的"代码模式"。

第四步 ▶

　　在代码编辑区中输入一行代码：

print(' 欢迎阅读本书 ')

　　单击右下角的"运行"按钮，在下方的控制台可以看到程序输出的结果，如图 1-5 所示。

图 1-5

　　在图 1-5 的代码中，单引号 ' ' 包含的若干字符称为字符串，print() 会输出括号中的内容，注意 Python 代码中的标点符号应为英文半角标点符号。

机器人普及后可能会取代一些工作岗位，但同时也会产生很多新的工作。我想到那时用 Python 来控制机器人做事应该很普遍吧？

这是大势所趋。不管你将来做不做程序员，学会编程会让你有更多解决问题的方法哟！

Python 基础知识

扫码看视频

就像学习中文、英语等语言一样，Python 作为一种编程语言，也需要掌握一定的语法知识。在正式编写程序之前，先简单了解一下 Python 的基础语法吧！

（1）变量与常量

输入并运行以下代码。 运行后输出结果如下。

```
1    print(123)
2    print(3.14)
3    print(' 张三 ')
```

```
123
3.14
张三
```

假如你需要了解更多更详细的 Python 语法，可以查询"Python 语言参考手册"。

扫描二维码查看更多 Python 语法

程序中不变的量称为常量，123、3.14、' 张三 ' 分别为整数、小数和字符串。

进一步，也可以定义变量，存储对应的常量值。

```
1    num = 5
2    print(num)
3    name = ' 李四 '
4    print(name)
```

运行后输出结果如下。

```
5
李四
```

Python 中的数值，还可以进行各种运算，详见表 1–1。

表 1–1 Python 运算符号的用法

符号	用法
+	两个数字相加
–	两个数字相减
*	两个数字相乘
%	取余数
//	整除
/	两个数字相除（结果可能为小数）

输入并运行以下代码。 运行后输出结果如下。

```
1   print(1+2)
2   print(5-1)
3   print(3*4)
4   print(10%3)
5   print(5//2)
6   print(5/2)
```

```
3
4
12
1
2
2.5
```

利用 int()、float()、str()，可以把其他类型的数据转换为整数、小数和字符串。输入并运行以下代码。

运行后输出结果如下。

```
1   print(int(2.5))
2   print(float('1.5')+1)
3   print(str(3+4))
```

```
2
2.5
7
```

（2）列表

为了方便存储和处理多个数据，可以使用列表。将多个数据放在中括号中，以逗号分隔，输入并运行以下代码。

运行后输出结果如下。

```
1   colors = ['red','green','blue']
2   print(colors)
3   nums = [1,2,3,4,5]
4   print(nums)
```

```
['red', 'green', 'blue']
[1, 2, 3, 4, 5]
```

为了分别处理列表中的各个元素，可以使用从 0 开始的数字索引。

```
1   colors = ['red','green','blue']
2   print(colors[0])
3   print(colors[1])
4   print(colors[2])
```

运行后输出结果如下。

```
red
green
blue
```

len() 函数用于获取列表中元素的个数，append() 函数用于在列表末尾添加元素，del() 函数用于删除列表中的某一个元素。

```
1   nums = [1,2,3,4,5]
2   print(len(nums))
3   nums.append(6)
4   print(nums)
5   del(nums[2])
6   print(nums)
```

运行后输出结果如下。

```
5
[1, 2, 3, 4, 5, 6]
[1, 2, 4, 5, 6]
```

（3）条件语句

输入并运行以下代码。

```
1    print(5>2)
2    print(3<2)
```

运行后输出结果如下。

```
True
False
```

比较大小的结果为布尔类型的数据，True 表示真，False 表示假。

Python 有六种比较运算符，用于判断两边数字的大小，如表 1-2 所示。

表 1-2　Python 的比较运算符

符号	作用
>	大于
<	小于
>=	大于或等于
<=	小于或等于
==	等于
!=	不等于

Python 还有三种逻辑运算符，可用于组合多个条件，具体如下。

```
1    print(not(5>2))
2    print((5>2) or (3<2))
3    print((5>2) and (3<2))
```

运行后输出结果如下。

```
False
True
False
```

其中 not（非）运算符会把正确的条件变成错误，把错误的条件变成正确；or（或）运算符是两边的条件只要有一个是正确的，组合条件就正确；and（与）运算符是只有当两边的条件都正确时，组合条件才正确。

条件语句是指当条件满足时，才执行对应的语句，输入并运行以下代码。

```
1    x = 2
2    y = 2
3    if x==y:
4        print('x 与 y 一样大 ')
```

当满足 if 条件语句后的条件时，就会执行冒号后的语句。运行后输出结果如下。

```
x与y一样大
```

进一步修改代码如下。

```
1    x = 2
2    y = 3
3    if x == y:
4        print('x 与 y 一样大 ')
5    else:
6        print('x 与 y 不一样大 ')
```

运行后输出结果如下。

```
x与y不一样大
```

如果不满足条件，则会执行 else 冒号后的语句。

（4）循环语句

输入以下代码。

```
1  for i in range(5):
2      print('*')
```

代码中的语句也称为 for 循环语句，会重复执行冒号后的语句，运行后输出 5 个星形符号。

```
*
*
*
*
*
```

输入并运行以下代码。

```
1  for i in range(5):
2      print(i)
```

运行后输出结果如下。

```
0
1
2
3
4
```

range 是"范围"的意思，range(5) 表示从 0 开始到小于 5 的整数，也就是 0、1、2、3、4 这几个数字。

for 和 in 是关键字，表示变量 i 依次取 range(5) 范围内的 5 个数字，循环执行冒号后的 print(i)，即输出了 0、1、2、3、4。

range() 也可以设定两端整数的取值范围，代码如下。

```
1  for i in range(2,5):
2      print(i)
```

变量 i 取值范围是从 2 开始到小于 5 的整数，运行后查看输出结果。

```
2
3
4
```

range() 也可以设定相应的步长。

```
1  for i in range(0,10,2):
2      print(i)
```

i 表示从 0 开始，每次增加 2，且小于 10 的整数，运行后查看输出结果。

```
0
2
4
6
8
```

最后，range() 的取值范围也可以递减，具体如下。

```
1  for i in range(9,0,-3):
2      print(i)
```

i 从 9 开始，每次减少 3，且大于 0，输出结果如下。

```
9
6
3
```

利用 for 语句，也可以循环访问列表中的元素。第一种方法，可以直接使用 in 获取列表中的所有元素。

运行后输出结果如下。

```
1    names = ['张三', '李四', '王二', '赵六']
2    for name in names:
3        print(name)
```

第二种方法，利用 range() 设定对应的整数，再通过索引访问列表的元素。

```
1    names = ['张三', '李四', '王二', '赵六']
2    n = len(names)
3    for i in range(n):
4        print(names[i])
```

除了 for 循环语句，Python 还提供了 while 循环语句，当 while 后的条件正确时，会重复执行冒号后的语句。输入并运行以下代码。

输出 5 个星形符号。

```
1    i = 0
2    while i<5:
3        i = i+1
4        print('*')
```

$$
\begin{array}{l}
* \\
* \\
* \\
* \\
*
\end{array}
$$

（5）函数

对于需要重复使用的代码，我们可以将其打包，整合在一个函数里面。这样只需要通过函数名就可以调用其内部的功能，不需要再重复编写代码。

Python 已经提供了很多内置函数，比如 print() 可以输出括号中的内容。同样，我们也可以定义自己的函数。

运行后输出结果如下。

```
1    def printStars():
2        print('*****')
3
4    printStars()
```

9

关键字 def 是 define 的缩写，表示定义函数。printStars 为函数的名字，其后是括号 ()
及冒号：，然后写上对应执行的语句。定义函数后，就可以通过函数名进行调用了。

函数定义的括号内，还可以写上函数运行时接收的参数，比如我
们可以修改代码，让用户设定要输出的星形符号的行数，具体如下。　　　　　运行后输出结果如下。

```
1    def printStars(num):
2      for i in range(num):
3        print('*****')
4    printStars(3)
```

另外，也可以利用 return 语句，设定函数的返回值。
以下代码定义函数 add，用于计算两个数的和。　　　　　　　运行后输出结果如下。

```
1    def add(x,y):
2      s = x+y
3      return s
4
5    print(add(3,4))
```

7

（6）库的使用与安装

Python 之所以功能强大，其中一个原因是
具有大量功能强大的库。输入并运行以下代码。

```
1    import random
2    for i in range(10):
3      n = random.randint(1, 5)
4      print(n)
```

运行后输出了十
个在 1 到 5 之间的随
机整数。

2
1
3
1
2
2
5
2
3
5

import random 表示导入随机功能库，random 是 Python 自带的一个库，可以直接使用。random.randint(1,5) 表示取一个从 1 到 5 之间的随机整数，将其值赋给 n，每次运行后输出 n 的值，就输出了取值范围为 1 到 5 的随机整数。

　　除了 random、math 等内置库，也可以利用海龟编辑器的"库管理"功能，安装更多的库。比如安装 Pygame、Pygame Zero 两个游戏开发库，如图 1-6 所示。

图 1-6

为了验证游戏开发库是否安装成功，可以在代码编辑区中输入以下代码。

```
1    import pgzrun
2    pgzrun.go()
```

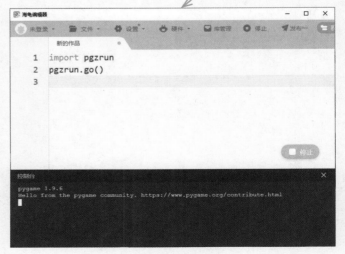

图 1-7

　　import pgzrun 语句表示导入了已安装的游戏开发库，pgzrun.go() 语句表示开始运行。单击运行按钮，海龟编辑器的控制台出现提示文字，并弹出一个新窗口，说明游戏开发库安装成功了，如图 1-7 所示。

11

2　闪烁的黑点

图 2-1

　　在本章中，我们一起来绘制一张网格图片，但它可不是一张简单的网格。当你盯着这张图片时，是不是会看到 30 个闪烁的小黑点？但实际上，这是一张静态图片，"小黑点"其实是"小白点"，在网格的交会处感觉有一些闪烁的黑点，如图 2-1 所示。

01 显示一个矩形

扫码看视频

在上一节代码（图 1-7）的基础上，我们添加以下三行代码。

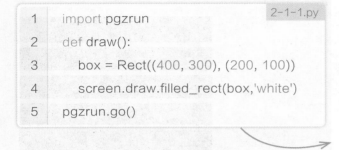

```
1  import pgzrun
2  def draw():
3      box = Rect((400, 300), (200, 100))
4      screen.draw.filled_rect(box,'white')
5  pgzrun.go()
```
2-1-1.py

运行后在窗口中画了一个矩形，如图 2-2 所示。

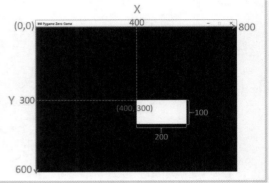

图 2-2

def draw(): 定义了绘图函数，冒号后面的语句进行具体的绘制工作。

box = Rect((400, 300), (200, 100)) 定义矩形的位置和大小。后面的四个参数：(400, 300) 表示矩形左上角顶点坐标，(200, 100) 表示矩形的宽和高。

screen.draw.filled_rect(box,'white') 绘制了一个矩形。其中 screen 表示屏幕，draw 为绘制的英文单词，filled_rect 表示填充的矩形。后面的两个参数：box 设定了矩形的位置和大小，'white' 表示矩形的颜色为白色。

图 2-2 中，窗口默认宽 800、高 600，原点 (0,0) 在窗口左上角。进一步修改矩形的参数，绘制出左上角顶点坐标 (0, 300)、宽 800、高 30 的矩形，如图 2-3 所示。

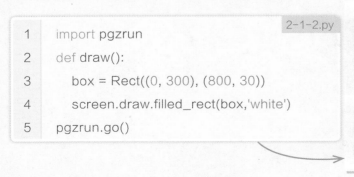

```
1  import pgzrun
2  def draw():
3      box = Rect((0, 300), (800, 30))
4      screen.draw.filled_rect(box,'white')
5  pgzrun.go()
```
2-1-2.py

图 2-3

15

02 利用循环语句绘制多个白色矩形 //////////

扫码看视频

利用循环语句，可以绘制出多个矩形。

```
1  import pgzrun
2
3  def draw():
4      for i in range(120, 600, 120):
5          box = Rect((0, i), (800, 20))
6          screen.draw.filled_rect(box, 'white')
7
8  pgzrun.go()
```
2-2-1.py

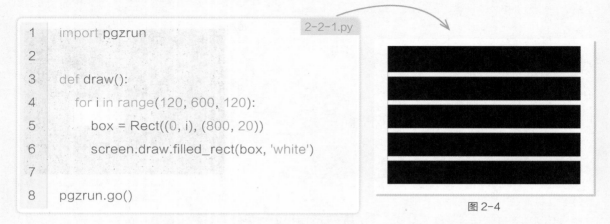

图 2-4

在 for 语句中，i 依次取值为 120、240、360 和 480。以 (0,i) 作为矩形左上角顶点坐标，绘制出 4 个宽 800、高 20 的矩形，效果如图 2-4 所示。

Pygame Zero 预设了变量 WIDTH 表示窗口的宽度、HEIGHT 表示窗口的高度。设定变量 h 表示矩形的高、interval 表示两个矩形间的间隔，进一步调整代码如下。运行效果如图 2-5 所示。

```
1  import pgzrun
2
3  h = 15  # 矩形短边的长度
4  interval = 120  # 两个矩形间的间隔
5  WIDTH = 5*interval-h  # 设置窗口的宽度
6  HEIGHT = 4*interval-h  # 设置窗口的高度
7
8  def draw():  # 绘制函数
9      # 对 i 遍历，绘制出多个间隔为 interval 的矩形
```
2-2-2.py

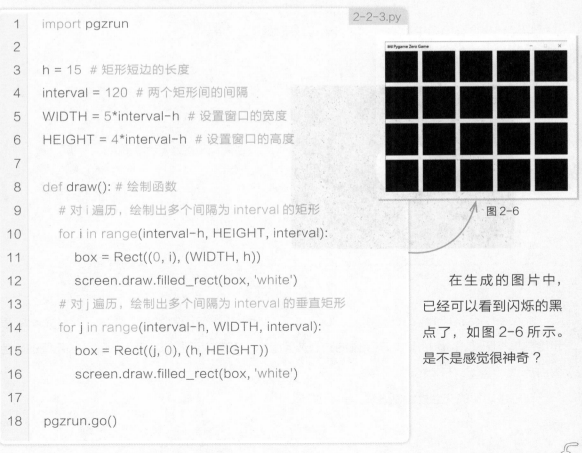

```
10      for i in range(interval-h, HEIGHT, interval):
11          box = Rect((0, i), (WIDTH, h))
12          screen.draw.filled_rect(box, 'white')
13
14  pgzrun.go()
```
2-2-2.py

图 2-5

如此利用变量而不是直接使用数字常量，代码可读性更好，也更方便修改调整。

进一步添加循环语句，绘制出多条垂直的白色矩形，代码如下。

```
1   import pgzrun
2
3   h = 15  # 矩形短边的长度
4   interval = 120  # 两个矩形间的间隔
5   WIDTH = 5*interval-h  # 设置窗口的宽度
6   HEIGHT = 4*interval-h  # 设置窗口的高度
7
8   def draw(): # 绘制函数
9       # 对 i 遍历，绘制出多个间隔为 interval 的矩形
10      for i in range(interval-h, HEIGHT, interval):
11          box = Rect((0, i), (WIDTH, h))
12          screen.draw.filled_rect(box, 'white')
13          # 对 j 遍历，绘制出多个间隔为 interval 的垂直矩形
14      for j in range(interval-h, WIDTH, interval):
15          box = Rect((j, 0), (h, HEIGHT))
16          screen.draw.filled_rect(box, 'white')
17
18  pgzrun.go()
```
2-2-3.py

图 2-6

在生成的图片中，已经可以看到闪烁的黑点了，如图 2-6 所示。是不是感觉很神奇？

17

03 添加圆圈

下面我们在网格的交汇处绘制一些圆圈，进一步改进错觉的效果，可以让读者更强烈地体验圆圈里面黑点闪烁的效果，代码如下。

```
1   import pgzrun
2   def draw():
3       screen.draw.filled_circle((400, 300), 100, 'white')
4   pgzrun.go()
```

2-3-1.py

以上代码会在窗口中绘制一个圆，运行效果如图 2-7 所示。

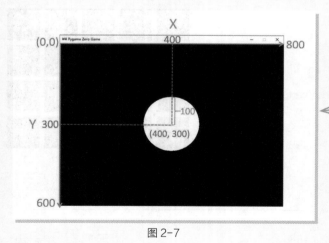

图 2-7

screen.draw.filled_circle((400, 300), 100, 'white') 语句绘制了一个圆圈。filled_circle 表示绘制填充圆圈，(400, 300) 表示圆的圆心位置坐标，100 表示圆的半径，'white' 表示圆的颜色为白色。

在白色矩形的交会处绘制圆圈，代码如下。

```
1    import pgzrun # 导入游戏开发库
2
3    h = 15  # 矩形短边的长度
4    r = h//2  # 小圆圈的半径
5    interval = 120  # 两个矩形间的间隔
6    WIDTH = 8*interval-h  # 设置窗口的宽度
7    HEIGHT = 6*interval-h  # 设置窗口的高度
8
9    def draw(): # 绘制函数
10       # 对 i 遍历，绘制出多个间隔为 interval 的矩形
11       for i in range(interval-h, HEIGHT, interval):
12           box = Rect((0, i), (WIDTH, h))
13           screen.draw.filled_rect(box, 'white')
14       # 对 j 遍历，绘制出多个间隔为 interval 的垂直矩形
15       for j in range(interval-h, WIDTH, interval):
16           box = Rect((j, 0), (h, HEIGHT))
17           screen.draw.filled_rect(box, 'white')
18       # 在白色矩形的交会处绘制小圆圈
19       for i in range(interval-r, HEIGHT-h, interval):
20           for j in range(interval-r, WIDTH-h, interval):
21               screen.draw.filled_circle((j, i), h, 'white')
22
23   pgzrun.go() # 开始运行
```

运行效果如图 2-8 所示。

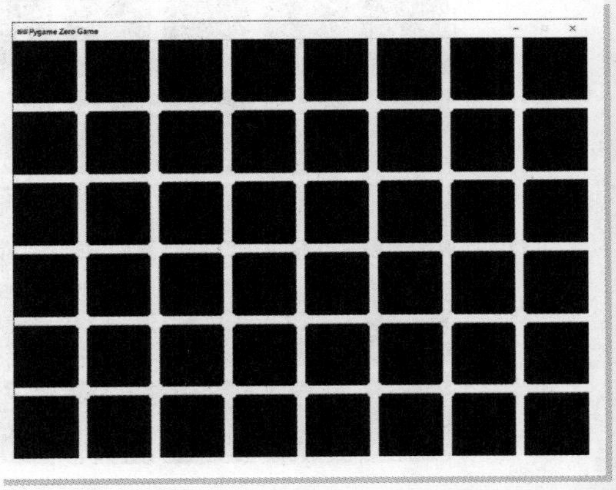

图 2-8

19

进一步，把矩形绘制颜色设为灰色 'gray'，可以得到更加明显的错觉效果。运行效果如图 2-9 所示。

```
9    def draw(): # 绘制函数
10       # 对 i 遍历，绘制出多个间隔为 interval 的矩形
11       for i in range(interval-h, HEIGHT, interval):
12           box = Rect((0, i), (WIDTH, h))
13           screen.draw.filled_rect(box, 'gray')
14       # 对 j 遍历，绘制出多个间隔为 interval 的垂直矩形
15       for j in range(interval-h, WIDTH, interval):
16           box = Rect((j, 0), (h, HEIGHT))
17           screen.draw.filled_rect(box, 'gray')
18       # 在白色矩形的交会处绘制小圆圈
19       for i in range(interval-r, HEIGHT-h, interval):
20           for j in range(interval-r, WIDTH-h, interval):
21               screen.draw.filled_circle((j, i), h, 'white')
```

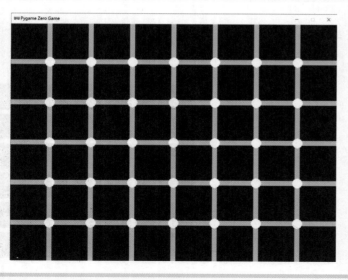

图 2-9

试着绘制一个暗红色（dark red）的背景，构成图 2-10 的错觉图片。

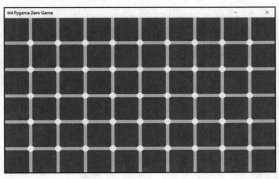

图 2-10

　　和前面的案例做法类似，先绘制一个覆盖整个屏幕且颜色为 dark red 的矩形，就可以绘制出暗红色的背景啦！

21

这一章我们学习了 Pygame Zero 游戏开发库的基本用法，通过绘制方块和圆圈，制作出"闪烁的黑点"视错觉图片。它看似简单，实则暗藏乾坤，是一款经典的视错觉作品。

神秘莫测的小黑点像被施了魔法般，总能避开眼光的追踪，在格子上跳来跳去。这种视错觉现象称为闪光栅格错觉（Scintillating Grid Illusion），是赫尔曼栅格错觉的一种。最早的栅格视错觉可以追溯到 1870 年，由卢迪马尔·赫尔曼（Ludimar Hermann）发现，因此命名为"赫尔曼栅格错觉"，如图 2-11 所示。

1985 年，贝尔根（Bergen）对赫尔曼栅格进行改造，将图案进行模糊处理，视错觉效果变得更加明显，如图 2-12 所示。

图 2-11

1997 年，施劳夫（Schrauf）等人在贝尔根改造作品的基础上创作了另一款视觉作品，即本章所绘制的闪光栅格视错觉图形。他将条纹变成灰色，在交叉处保留白色，且交叉处的白色圆点略大于条纹的宽度，如图 2-13 所示。

图 2-12

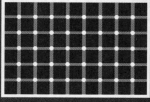

图 2-13

有趣的是，在科幻小说《盲视》中，吸血鬼拥有超越人类的智商，但却有一种致命缺陷——"垂直综合征"。由于视神经和交感神经交叉，吸血鬼一看到直角物体就会引发癫痫或中风。我们知道栅格视错觉图片里有很多直角，尤其是早期的视错图（图2-11），于是人们不由得突发奇想，假如用它来替代十字架，吸血鬼会不会更害怕呢？

闪光栅格错觉产生的原理究竟是什么？目前科学家们尚无定论。有人提出侧抑制理论，但有些现象仍无法解释，比如将图2-13旋转45°之后，错觉就会减少。最新理论指出，这种视错觉与大脑视觉皮层中的S1简单细胞有关。视觉系统中有两套负责明暗的系统：ON负责"亮"，OFF负责"暗"。S1简单细胞会选择性地接收明暗信号，同时具有方向选择性，其中负责水平和垂直方向的细胞最多，因此在横竖垂直相间的格子上的视错觉效果最明显。

在图2-11中，横纵向的白色条纹激活了相应方向的ON细胞，因此你的眼睛感知到清晰的明亮线条；而在交叉点处，因轮廓缺失，对横纵向的方向性细胞激活程度较低，于是交叉点处的亮度下降，你的眼睛便感知到了暗点。

在图2-13中，其原理基本与图2-11相似，但是这幅图上的白色圆点切断了连续的灰条纹，且图中有灰、白、黑三种不同明暗度的对比，因此交叉点处的明暗感知受到了更多干扰，形成闪烁的黑点。

如果你想更深入地了解这个原理，可以试着设计视觉实验，利用程序绘制不同参数的图片，对比视错觉效果，看看自己能否揭开栅格视错觉最终的秘密。

3 消失的圆圈

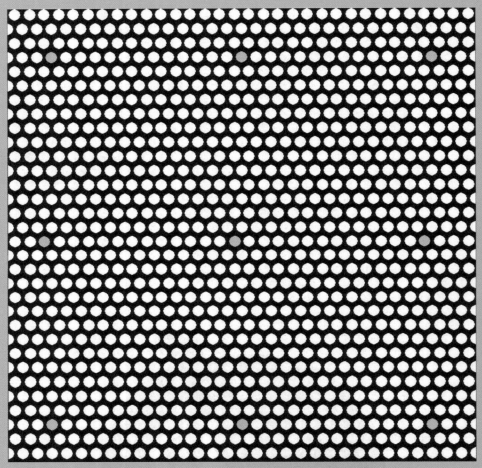

图 3-1

在上一章的栅格视错觉图片中，有一些黑色圆圈在闪烁，本章我们要利用 Python 让圆圈消失。

图 3-1 中有 9 个灰色圆圈，然而当你盯着画面正中间的灰色圆圈时，其他灰色圆圈仿佛都消失了，变成了白色圆圈。

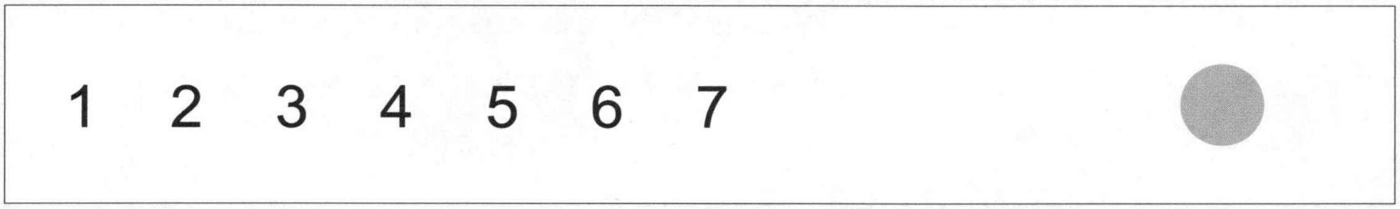

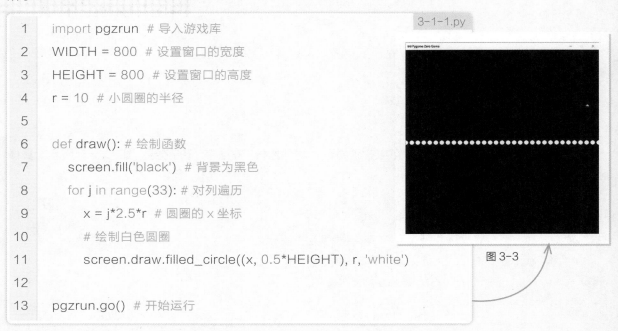

$$1 \quad 2 \quad 3 \quad 4 \quad 5 \quad 6 \quad 7$$

图 3-2

双眼与图 3-2 距离 30 厘米左右，挡住左眼，仅用右眼观察。视线从数字 1 开始慢慢移向数字 7，你会发现看到中间的某一个数字时，右边的橙色圆圈消失了。

以上两张错觉图片是不是很神奇？下面我们就打开海龟编辑器，利用 Python 编程实现吧！

01 消失的灰色圆圈

扫码看视频

首先利用 for 循环语句，在黑色背景中绘制一行白色的圆圈，代码如下。运行效果如图 3-3 所示。

```
1   import pgzrun # 导入游戏库
2   WIDTH = 800  # 设置窗口的宽度
3   HEIGHT = 800  # 设置窗口的高度
4   r = 10  # 小圆圈的半径
5
6   def draw(): # 绘制函数
7       screen.fill('black')  # 背景为黑色
8       for j in range(33): # 对列遍历
9           x = j*2.5*r  # 圆圈的 x 坐标
10          # 绘制白色圆圈
11          screen.draw.filled_circle((x, 0.5*HEIGHT), r, 'white')
12
13  pgzrun.go()  # 开始运行
```

3-1-1.py

图 3-3

其中变量 r 存储了小圆圈的半径，变量 x 存储了圆心的 x 坐标，相邻圆圈圆心间的距离为半径的 2.5 倍。在 for 语句中，j 从 0 增加到 32，以 j*2.5*r 作为圆心的 x 坐标，可以绘制一行圆圈。

增加一层 for 循环语句，i 从 0 增加到 32，以 r+i*2.5*r 作为圆心的 y 坐标，可以绘制出铺满画面的白色圆圈，效果如图 3-4 所示。具体代码如下。

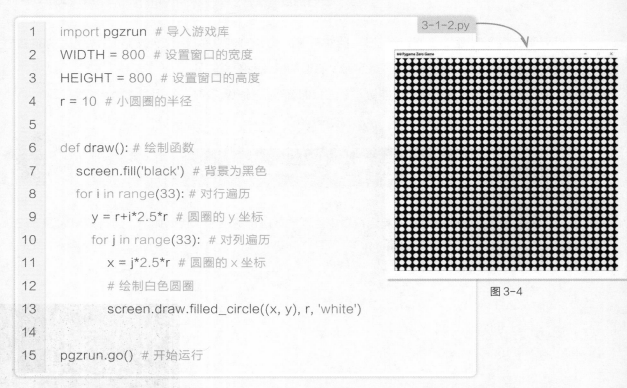

```
1    import pgzrun  # 导入游戏库
2    WIDTH = 800  # 设置窗口的宽度
3    HEIGHT = 800  # 设置窗口的高度
4    r = 10  # 小圆圈的半径
5
6    def draw():  # 绘制函数
7        screen.fill('black')  # 背景为黑色
8        for i in range(33):  # 对行遍历
9            y = r+i*2.5*r  # 圆圈的 y 坐标
10           for j in range(33):  # 对列遍历
11               x = j*2.5*r  # 圆圈的 x 坐标
12               # 绘制白色圆圈
13               screen.draw.filled_circle((x, y), r, 'white')
14
15   pgzrun.go()  # 开始运行
```

3-1-2.py

图 3-4

在第 13 行添加 if 语句，可以实现奇数行和偶数行的圆圈错开的效果，如图 3-5 所示。具体代码如下。

3-1-3.py
（其他代码同
3-1-2.py）

```
6    def draw():  # 绘制函数
7        screen.fill('black')  # 背景为黑色
8        for i in range(33):  # 对行遍历
9            y = r+i*2.5*r  # 圆圈的 y 坐标
10           for j in range(33):  # 对列遍历
```

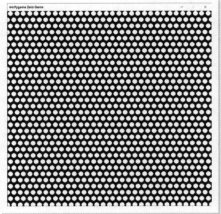

图 3-5

```
11        x = j*2.5*r  # 圆圈的 x 坐标
12        # 如果是偶数行，其 x 坐标往左平移错开一些
13        if i % 2 == 0:
14            x = x - 1.25*r
15        # 绘制白色圆圈
16        screen.draw.filled_circle((x, y), r, 'white')
```

3-1-3.py

进一步利用 if 语句，在第 3、16、29 行，以及第 3、16、29 列绘制 9 个灰色圆圈，效果如图 3-6 所示。注意代码中是如何利用 or、and 逻辑运算符，定位出 9 个灰色圆圈序号的，具体代码如下。

```
1   import pgzrun  # 导入游戏库
2   WIDTH = 800  # 设置窗口的宽度
3   HEIGHT = 800  # 设置窗口的高度
4   r = 10  # 小圆圈的半径
5
6   def draw():  # 绘制函数
7       screen.fill('black')  # 背景黑色
8       for i in range(33):  # 对行遍历
9           y = r+i*2.5*r  # 圆圈的 y 坐标
10          for j in range(33):  # 对列遍历
11              x = j*2.5*r  # 圆圈的 x 坐标
12              # 如果是偶数行，其 x 坐标往左平移错开一些
13              if i % 2 == 0:
14                  x = x - 1.25*r
15              # 绘制白色圆圈
16              screen.draw.filled_circle((x, y), r, 'white')
17              # 在对应位置绘制 9 个灰色圆圈
```

3-1-4.py

```
18          if (i == 3 or i == 16 or i == 29) \
19              and (j == 3 or j == 16 or j == 29):
20              screen.draw.filled_circle((x, y), r, 'gray')
21
22      pgzrun.go()  # 开始运行
```

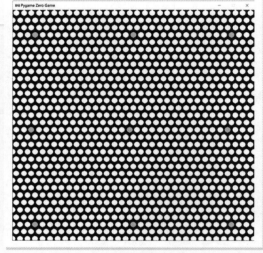

图 3-6

当我们注视其中一个灰色圆圈时，其他灰色圆圈似乎全部变成了白色圆圈。为什么会出现这种错觉？

当我们观察到细节信息特别丰富的图案时，大脑无法实时精确处理所有信息，会自动过滤掉一些信息。在这张图中，其他灰色圆圈的信息被过滤掉了，大脑认为它们也是白色圆圈。

02 盲点错觉

扫码看视频

运行以下代码，将在画面中显示一个数字，如图 3-7 所示。

```
1   import pgzrun  # 导入游戏库
2   WIDTH = 800  # 设置窗口的宽度
3   HEIGHT = 400  # 设置窗口的高度
4
5   def draw():  # 绘制函数
6       screen.fill('white')  # 背景为白色
```

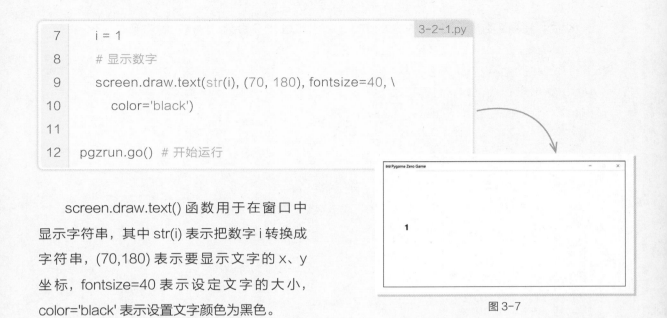

```
7      i = 1
8      # 显示数字
9      screen.draw.text(str(i), (70, 180), fontsize=40, \
10        color='black')
11
12   pgzrun.go()  # 开始运行
```

3-2-1.py

图 3-7

　　screen.draw.text() 函数用于在窗口中
显示字符串，其中 str(i) 表示把数字 i 转换成
字符串，(70,180) 表示要显示文字的 x、y
坐标，fontsize=40 表示设定文字的大小，
color='black' 表示设置文字颜色为黑色。

　　利用循环语句，可以在画面中显示出多个数字，具体代码如下。

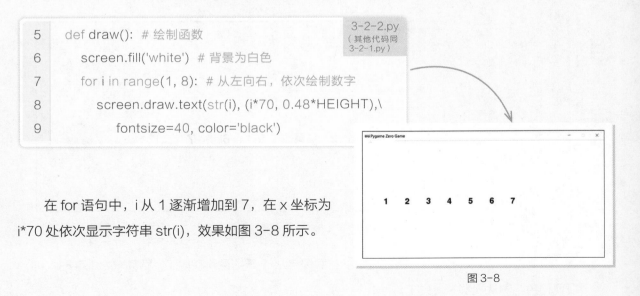

```
5      def draw():  # 绘制函数
6         screen.fill('white')  # 背景为白色
7         for i in range(1, 8):  # 从左向右，依次绘制数字
8            screen.draw.text(str(i), (i*70, 0.48*HEIGHT),\
9               fontsize=40, color='black')
```

3-2-2.py
（其他代码同
3-2-1.py）

图 3-8

　　在 for 语句中，i 从 1 逐渐增加到 7，在 x 坐标为
i*70 处依次显示字符串 str(i)，效果如图 3-8 所示。

最后，在画面右边添加一个橙色的圆圈，效果如图 3-9 所示。具体代码如下。

```
1    import pgzrun  # 导入游戏库
2    WIDTH = 800  # 设置窗口的宽度
3    HEIGHT = 400  # 设置窗口的高度
4
5    def draw():  # 绘制函数
6        screen.fill('white')  # 背景为白色
7        for i in range(1, 8):  # 从左向右，依次绘制数字
8            screen.draw.text(str(i), (i*70, 0.48*HEIGHT),\
9                fontsize=40, color='black')
10       # 最右侧画一个橙色圆圈
11       screen.draw.filled_circle((0.9*WIDTH, 0.5*HEIGHT),\
12           30, 'orange')
13
14   pgzrun.go()  # 开始运行
```

3-2-3.py

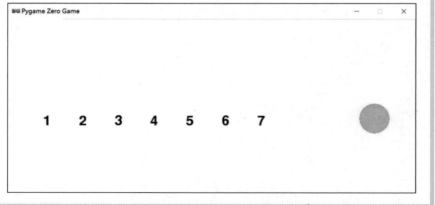

图 3-9

距离画面 30 厘米左右，挡住左眼。右眼视点从 1 开始逐渐移向 7，到某一个数字时，你会发现橙色圆圈从视野中消失了。

编写代码，在画面中生成 100 个位置、大小、颜色随机的圆圈，实现图 3–10 中的效果。

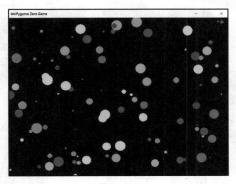

图 3-10

利用列表存储多种颜色名称字符串，随机选取颜色，结合 for 循环语句，就可以绘制出丰富多彩的圆圈效果了。

本章我们用 Python 实现了两种让圆圈消失的视错觉图片效果，那么圆圈为什么会消失呢？这是因为人的眼球后部的视网膜上有一个视神经进入的凹陷点，这里没有视觉细胞，无法感受光。当橙色圆圈的图像正好落在这个点上时，便不被感知，这个点就是"盲点"，如图 3-11 和图 3-12 所示。

图 3-11　眼球的基本机构

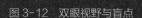

图 3-12　双眼视野与盲点

最初发现视觉盲点的是法国科学家埃德姆·马里奥特（Edme Mariotte），在 17 世纪 60 年代引起轰动。1668 年，马里奥特在法国国王路易十四面前表演了关于盲点的实验，如图 3-13 所示。

图 3-13

实验中，两个人面对面站立，彼此相隔两米远，各自闭上左眼，并用右眼注视马里奥特示意的某个点。这两个人都惊奇地发现，对方的头"消失"了，只剩下身子。

为什么在日常生活中感觉不到盲点的存在呢？这是因为大脑具有"脑补"的能力。我们的眼球在看事物时会经常移动，同时大脑会根据记忆以及环境对视觉盲区进行填补，因此感觉不到盲点的存在。

在了解视觉盲点的原理后，大家可以尝试通过编程的方式，创作更好玩的消失错觉图案。

4 脚步错觉

图 4-1

扫码观看
程序效果

代码运行后，画面中出现黄色和蓝色两个矩形，以相同速度向右运动。在黑白条纹背景中，两个矩形仿佛在交替前进，就像人行走时的左右脚一样，如图 4-1 所示。切换为白色背景后，两个矩形的运动又同步了，如图 4-2 所示。

你可以运行程序 4-3-2.py，通过鼠标按键切换两种背景，体验一下这种神奇的错觉。

图 4-2

向右移动的矩形

打开海龟编辑器，输入以下 Python 代码，在画面中绘制图 4-3 的蓝色矩形。

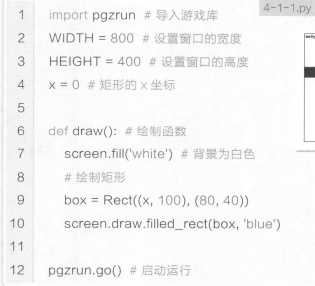

```
 1   import pgzrun  # 导入游戏库                    4-1-1.py
 2   WIDTH = 800  # 设置窗口的宽度
 3   HEIGHT = 400  # 设置窗口的高度
 4   x = 0  # 矩形的 x 坐标
 5
 6   def draw():  # 绘制函数
 7       screen.fill('white')  # 背景为白色
 8       # 绘制矩形
 9       box = Rect((x, 100), (80, 40))
10       screen.draw.filled_rect(box, 'blue')
11
12   pgzrun.go()  # 启动运行
```

图 4-3

box = Rect((x,100), (80,40)) 定义矩形的位置和大小，(x,100) 表示矩形左上角顶点坐标，(80,40) 表示矩形的宽和高。变量 x 在第四行初始化为 0，draw() 函数中以 (0,100) 为左上角顶点坐标绘制蓝色矩形。

进一步添加 12 到 14 行代码，可以让矩形逐渐向右移动，具体代码如下。

```
 1   import pgzrun  # 导入游戏库          4-1-2.py
 2   WIDTH = 800  # 设置窗口的宽度
 3   HEIGHT = 400  # 设置窗口的高度
 4   x = 0  # 矩形的 x 坐标
 5
 6   def draw():  # 绘制函数
 7       screen.fill('white')  # 背景为白色
 8       # 绘制矩形
```

```
 9       box = Rect((x, 100), (80, 40))        4-1-2.py
10       screen.draw.filled_rect(box, 'blue')
11
12   def update():  # 更新函数
13       global x  # 全局变量
14       x = x+1  # x 坐标增加
15
16   pgzrun.go()  # 启动运行
```

def update(): 定义了一个更新函数，程序运行后每帧都会执行一次该函数。x=x+1 语句表示变量 x 每次增加 1，使得矩形的横坐标从 0 开始，依次增加为 1、2、3、4、5、6……

global x 表示 x 为全局变量，如果函数内部需要修改函数外部的变量，就需要在函数内部加上 global x 这条语句。

在 Pygame Zero 库的实现中，绘制函数 draw() 和函数 update() 一样，也是每帧重复执行的。依次迭代执行 update() 和 draw() 函数，就实现了矩形慢慢向右移动的效果，如图 4-4 所示。

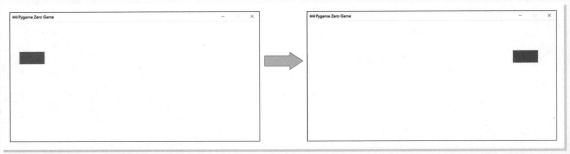

图 4-4

02 矩形重复出现并移动

扫码看视频

上一步实现的效果，矩形移动到窗口最右边后就消失不见了。在 update() 函数中增加 15、16 两行代码，就得到矩形重复出现并右移的效果，具体代码如下。

```
12  def update(): # 更新函数
13    global x # 全局变量
14    x = x+1 # x 坐标增加
15    if x >= WIDTH-80: # 如果 x 坐标超过右边界
16      x = 0 # 矩形重新回到最左边
```

4-2-1.py
（其他代码同
4-1-2.py）

下面添加黄色矩形的相关代码，让两个矩形重复出现、移动，具体代码如下。

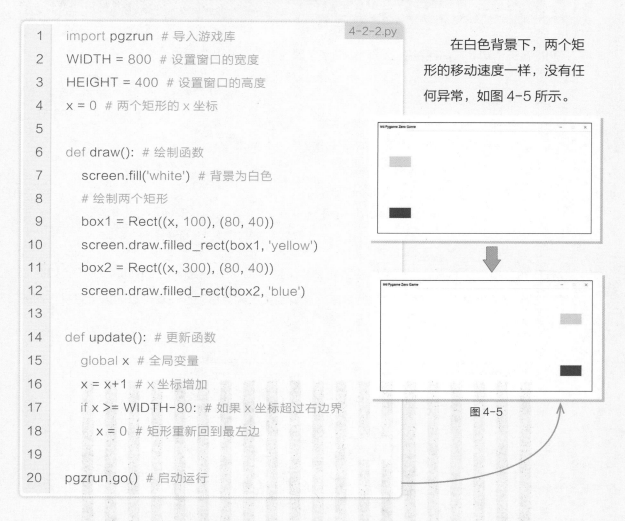

```
1   import pgzrun  # 导入游戏库               4-2-2.py
2   WIDTH = 800  # 设置窗口的宽度
3   HEIGHT = 400  # 设置窗口的高度
4   x = 0  # 两个矩形的 x 坐标
5
6   def draw():  # 绘制函数
7       screen.fill('white')  # 背景为白色
8       # 绘制两个矩形
9       box1 = Rect((x, 100), (80, 40))
10      screen.draw.filled_rect(box1, 'yellow')
11      box2 = Rect((x, 300), (80, 40))
12      screen.draw.filled_rect(box2, 'blue')
13
14  def update():  # 更新函数
15      global x  # 全局变量
16      x = x+1  # x 坐标增加
17      if x >= WIDTH-80:  # 如果 x 坐标超过右边界
18          x = 0  # 矩形重新回到最左边
19
20  pgzrun.go()  # 启动运行
```

在白色背景下，两个矩形的移动速度一样，没有任何异常，如图 4-5 所示。

图 4-5

程序运行后，黄色矩形在上，蓝色矩形在下，且两个矩形的 x 坐标一样。在 update() 函数中，让变量 x 增加，就可以让两个矩形同步向右移动；利用 if 语句，如果矩形到了右边界，就让其 x 坐标设为 0，即重新在最左边出现。

03 绘制黑白条纹背景 ////////////////////////

利用循环语句，在白色背景上间隔绘制多条黑色条纹，代码如下。

```
6    def draw():  # 绘制函数
7        screen.fill('white')  # 背景为白色
8        # 间隔绘制一些黑色条纹，实现黑白条纹背景效果
9        for y in range(0, WIDTH, 40):
10           box = Rect((y, 0), (20, HEIGHT))
11           screen.draw.filled_rect(box, 'black')
```

4-3-1.py
（其他代码同
4-2-2.py）

在白色背景中绘制黑色垂直条纹的宽为 20，而 for 语句中 y 坐标增加的间隔为 40，如此即可绘制出黑白条纹背景。读者可以运行程序，观看到黄色和蓝色矩形交替前进的错觉效果，如图 4-6 所示。

图 4-6

最后修改代码，实现按下鼠标按键，切换显示白色背景、黑白条纹背景，代码如下。

```
1   import pgzrun  # 导入游戏库
2   WIDTH = 800  # 设置窗口的宽度
3   HEIGHT = 400  # 设置窗口的高度
4   x = 0  # 两个矩形的 x 坐标
5   showStripe = True  # 是否显示黑白条纹
6
7   def draw():  # 绘制函数
8       screen.fill('white')  # 背景为白色
9       if showStripe:  # 如果为真，绘制出间隔的黑色条纹
10          for y in range(0, WIDTH, 40):
11              box = Rect((y, 0), (20, HEIGHT))
12              screen.draw.filled_rect(box, 'black')
13
14      # 绘制两个矩形
15      box1 = Rect((x, 100), (80, 40))
16      screen.draw.filled_rect(box1, 'yellow')
17      box2 = Rect((x, 300), (80, 40))
18      screen.draw.filled_rect(box2, 'blue')
19
20  def update():  # 更新函数
21      global x  # 全局变量
22      x = x+1  # x 坐标增加
23      if x >= WIDTH-80:  # 如果 x 坐标超过右边界
24          x = 0  # 矩形重新回到最左边
25
26  def on_mouse_down():  # 当按下鼠标按键时
27      global showStripe  # 全局变量
```

```
28      showStripe = not showStripe # 切换是否显示黑白条纹          4-3-2.py

29

30   pgzrun.go()  # 启动运行
```

其中变量 showStripe 设定是否显示黑白条纹，并在第 5 行初始化为 True（真）。在 draw()
函数中，如果 showStripe 为 True，则绘制出对应的黑色条纹。

新增加的 on_mouse_down() 函数表示按下鼠标的左键、中键或右键，执行后面的语
句。每次按下鼠标按键后执行 showStripe = not showStripe，利用"非"逻辑运算符，让
showStripe 变量在 True（真）、False（假）之间切换，即控制显示为白色背景还是黑白条
纹背景。

　　编写代码，实现黑色、淡黄色（light yellow）矩形上下移动的脚步错觉效果，如图 4-7 所示。

扫码观看
程序效果

图 4-7

你可以参考本章的思路，分步
骤进行实现。当方块颜色和背景条
纹中对应颜色更加接近时，错觉效
果会更加强烈哟！

45

幻象解密

Decoding Illusion

本章我们学习了游戏开发库的 update() 更新函数和 on_mouse_down() 鼠标按键交互函数，实现了脚步错觉（Stepping Feet Illusion）的动画效果。

当蓝色矩形在黑色条纹上移动，或者黄色矩形在白色条纹上移动时，由于矩形和背景颜色的对比度差异不大，人们不易察觉到它们的移动，大脑会认为它们静止不动；反之，当蓝色矩形在白色条纹上移动，或者黄色矩形在黑色条纹上移动时，由于矩形和背景颜色的相差较大，人们很容易就察觉到它们在移动，因此会形成蓝色和黄色矩形交替前进的错觉。在"动动手"栏目中把黄色矩形的颜色改为淡黄色（light yellow），脚步错觉是不是变得更明显了？这是为什么呢？

脚步错觉的产生是由于人们对速度的感知受到物体与背景的明暗对比度影响。如果你将背景撤掉，就会发现其实两者运动的速度是一样的。比如在第 38 页的视频中，比较撤掉背景前后的速度，让人有点怀疑自己的眼睛。

这种现象最早是由英国学者斯图尔特·安斯蒂斯（Stuart Anstis）于 2003 年提出的，起因是他发现许多司机在雾天开车时，明明以同样的车速开着，却总感觉比晴天时要慢，这是由于雾天降低了其他车子与周围环境的对比度，感觉它们的速度也比实际速度更慢一些。

由此可见，在本章的脚步错觉案例中，我们看见的矩形移动速度取决于它们与背景颜色的对比度。现在，请你在计算机中修改程序，将黄色矩形的颜色改成白色（white），当它在黑白条纹背景下移动时，会发生什么情况呢？

5 变大变小的圆圈

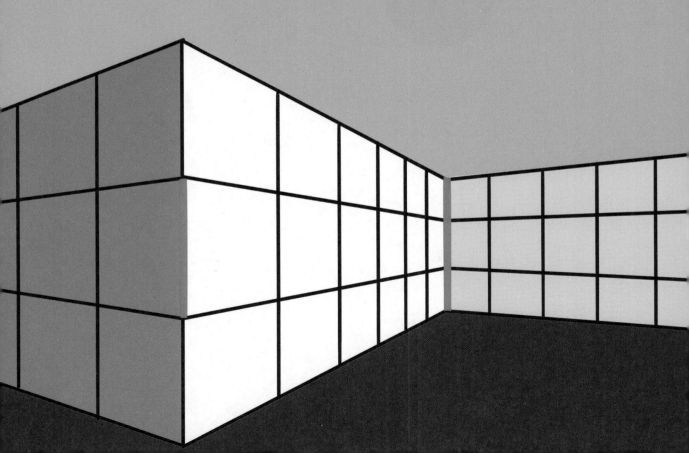

图 5-1

　　图 5-1 中绘制了左、右两个蓝色圆圈，右边蓝色圆圈是不是显得更大一些？但是用尺子去量的话，你会发现两个蓝色圆圈的直径是一样的！

　　再进一步观察，你可以扫描以下二维码，观看程序运行的动画视频，看看蓝色圆圈的半径是否一直在变化。

扫码观看
程序效果

01 显示多个圆圈 //////////////////////////////////

扫码看视频

首先定义变量 x、y、r 记录圆心坐标和半径，代码如下。在白色背景中，绘制一个蓝色的圆圈，效果如图 5-2 所示。

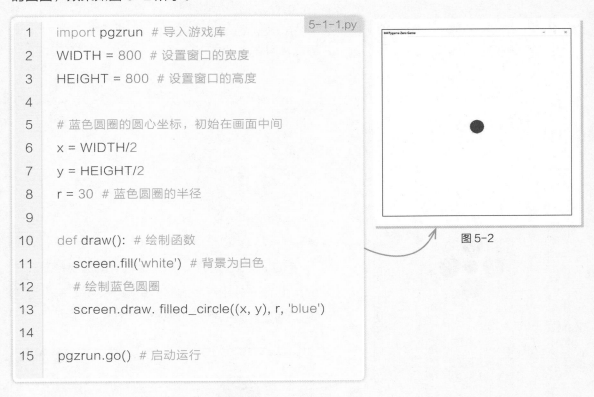

```
1   import pgzrun  # 导入游戏库
2   WIDTH = 800  # 设置窗口的宽度
3   HEIGHT = 800  # 设置窗口的高度
4
5   # 蓝色圆圈的圆心坐标，初始在画面中间
6   x = WIDTH/2
7   y = HEIGHT/2
8   r = 30  # 蓝色圆圈的半径
9
10  def draw():  # 绘制函数
11      screen.fill('white')  # 背景为白色
12      # 绘制蓝色圆圈
13      screen.draw. filled_circle((x, y), r, 'blue')
14
15  pgzrun.go()  # 启动运行
```
5-1-1.py

图 5-2

添加变量 R 记录红色圆圈的半径，变量 d 记录红色和蓝色圆圈圆心之间的距离，以下代码用于绘制蓝色圆圈及外围的 4 个红色圆圈。效果如图 5-3 所示。

```
1   import pgzrun  # 导入游戏库
2   WIDTH = 800  # 设置窗口的宽度
3   HEIGHT = 800  # 设置窗口的高度
4
```
5-1-2.py

```
5   # 蓝色圆圈的圆心坐标，初始在画面中间
6   x = WIDTH/2
7   y = HEIGHT/2
8   r = 30  # 蓝色圆圈的半径
```
5-1-2.py

51

```
9    R = r*1.5  # 红色圆圈的半径                                              5-1-2.py

10   d = r*3  # 红色和蓝色圆圈圆心之间的距离

11   def draw():  # 绘制函数

12       screen.fill('white')  # 背景为白色

13       screen.draw. filled_circle((x, y), r, 'blue')  # 绘制蓝色圆圈

14       screen.draw. filled_circle((x-d, y), int(R), 'red')    # 绘制左边红色圆圈

15       screen.draw. filled_circle((x+d, y), int(R), 'red')    # 绘制右边红色圆圈

16       screen.draw. filled_circle((x, y-d), int(R), 'red')    # 绘制上边红色圆圈

17       screen.draw. filled_circle((x, y+d), int(R), 'red')    # 绘制下边红色圆圈

18   pgzrun.go()  # 启动运行
```

图 5-3

在以上代码基础上进一步修改，可以绘制出图 5-4 的错觉图片效果。两个蓝色圆圈的半径是一样的，然而在外围红色圆圈的影响下，看起来右边蓝色圆圈要更大一些，对比效果如图 5-4 所示。

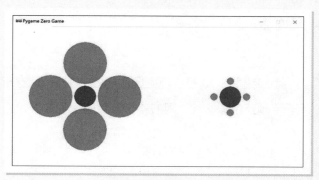

图 5-4

```
1    import pgzrun  # 导入游戏库
2    WIDTH = 800  # 设置窗口的宽度
3    HEIGHT = 800  # 设置窗口的高度
4
5    # 自定义绘制 1 个蓝色圆圈、4 个红色圆圈的函数
6    # x 和 y 为蓝色圆圈的圆心坐标，r 为其半径
7    # R 为红色圆圈的半径
8    # d 为红色和蓝色圆圈圆心之间的距离
9    def drawCircles(x, y, r, R, d):
10       screen.draw. filled_circle((x, y), r, 'blue')  # 绘制蓝色圆圈
11       screen.draw. filled_circle((x-d, y), int(R), 'red')  # 绘制左边红色圆圈
12       screen.draw. filled_circle((x+d, y), int(R), 'red')  # 绘制右边红色圆圈
13       screen.draw. filled_circle((x, y-d), int(R), 'red')  # 绘制上边红色圆圈
14       screen.draw. filled_circle((x, y+d), int(R), 'red')  # 绘制下边红色圆圈
15
16   def draw():  # 绘制函数
17       screen.fill('white')  # 背景为白色
18       drawCircles(WIDTH/4, HEIGHT/2, 30, 60, 95)  # 绘制左边一组圆圈
19       drawCircles(WIDTH*3/4, HEIGHT/2, 30, 10, 45)  # 绘制右边一组圆圈
20
21   pgzrun.go()  # 启动运行
```

为了简化代码，5-1-3.py 中定义了函数 drawCircles(x, y, r, R, d)，绘制 1 个蓝色圆圈和 4 个红色圆圈，并调用两次绘制了左边和右边的圆圈组。

扫码看视频

02 动态变化的圆圈

为了让圆圈组可以运动起来，添加变量 v_xy 记录蓝色圆圈圆心坐标的移动速度；添加 update() 更新函数，使得蓝色圆圈的圆心坐标 x、y 随速度逐渐变化。当 x 坐标接近左右边界时，圆心坐标变化速度反向，代码如下。

```
5-2-1.py
1   import pgzrun # 导入游戏库
2   WIDTH = 800  # 设置窗口的宽度
3   HEIGHT = 800  # 设置窗口的高度
4
5   # 蓝色圆圈的圆心坐标，初始在画面中间
6   x = WIDTH/2
7   y = HEIGHT/2
8   r = 30 # 蓝色圆圈的半径
9   R = r*1.5 # 红色圆圈的半径
10  d = r*3 # 红色和蓝色圆圈圆心之间的距离
11
12  v_xy = 3 # 中间蓝色圆圈圆心坐标的运动速度
13
14  def draw(): # 绘制函数
15      screen.fill('white')  # 背景为白色
16      screen.draw. filled_circle((x, y), r, 'blue')    # 绘制蓝色圆圈
17      screen.draw. filled_circle((x-d, y), int(R), 'red')    # 绘制左边红色圆圈
18      screen.draw. filled_circle((x+d, y), int(R), 'red')    # 绘制右边红色圆圈
19      screen.draw. filled_circle((x, y-d), int(R), 'red')    # 绘制上边红色圆圈
20      screen.draw. filled_circle((x, y+d), int(R), 'red')    # 绘制下边红色圆圈
21
22  def update(): # 更新函数
```

```
23    global x, y, d, R, v_xy  # 全局变量
24    x += v_xy  # 利用速度更新蓝色圆圈的圆心坐标
25    y += v_xy
26
27    if x < 110 or x > WIDTH-60:  # 如果接近左右边界
28       v_xy = -v_xy  # 蓝色圆圈圆心坐标变化速度反向
29
30  pgzrun.go()  # 启动运行
```

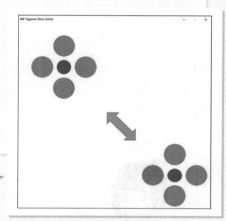

图 5-5

如此即可实现圆圈组在对角线方向重复来回移动，
如图 5-5 所示。

下面添加变量 v_R 用于记录外围红色圆圈半径的变化速度，v_d 记录蓝色和红色圆圈圆心距离的变化速度；在 update() 函数中添加代码，使得红色圆圈半径重复变大、变小，到蓝色圆圈的距离也相应调整，代码如下。

5-2-2.py
（其他代码同
5-2-1.py）

```
13  v_R = 0.4    # 外围红色圆圈半径的变化速度
14  v_d = 0.5    # 蓝色和红色圆圈距离的变化速度
29  def update():  # 更新函数
30    global x, y, d, R, v_d, v_R, v_xy  # 全局变量
31    x += v_xy  # 利用速度更新蓝色圆圈的圆心坐标
32    y += v_xy
33    d -= v_d  # 利用速度更新蓝色和红色圆圈的圆心距离
34    R -= v_R  # 利用速度更新红色圆圈的半径
35
```

5-2-2.py
（其他代码同
5-2-1.py）

```
36      if x < 210 or x > WIDTH-60:  # 如果接近左右边界
37          v_xy = -v_xy  # 蓝色圆圈圆心坐标变化速度反向
38          v_R = -v_R  # 红色圆圈半径变化速度反向
39          v_d = -v_d  # 圆心间距离变化速度反向
```

在红色圆圈半径变化的影响下，蓝色圆圈
有了变大变小的错觉，效果如图 5-6 所示。

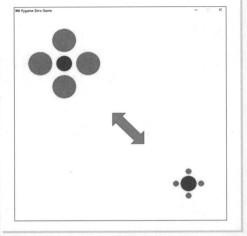

图 5-6

扫码看视频

03 鼠标按键切换显示

添加变量 showRedBalls 设定是否显示红色圆圈，并在代码的第 16 行初始化为 True
（真）。在 draw() 函数中，如果 showRedBalls 为真则绘制红色圆圈，为假则不绘制。

添加 on_mouse_down() 函数，按下鼠标按键后让 showRedBalls 变量在 True（真）、
False（假）之间切换，完整代码如下。

```
1    import pgzrun  # 导入游戏库
2    WIDTH = 800  # 设置窗口的宽度
3    HEIGHT = 800  # 设置窗口的高度
4
5    # 蓝色圆圈的圆心坐标，初始在画面中间
6    x = WIDTH/2
7    y = HEIGHT/2
8    r = 30  # 蓝色圆圈的半径
9    R = r*1.5  # 红色圆圈的半径
10   d = r*3  # 红色和蓝色圆圈圆心之间的距离
11
12   v_xy = 3  # 中间蓝色圆圈圆心坐标的运动速度
13   v_R = 0.4   # 外围红色圆圈半径的变化速度
14   v_d = 0.5  # 蓝色和红色圆圈距离的变化速度
15
16   showRedCircles = True  # 是否绘制外围红色圆圈
17
18   def draw():  # 绘制函数
19       screen.fill('white')  # 背景为白色
20       screen.draw. filled_circle((x, y), r, 'blue')   # 绘制蓝色圆圈
21       if showRedCircles:
22           screen.draw. filled_circle((x-d, y), int(R), 'red')      # 绘制左边红色圆圈
23           screen.draw. filled_circle((x+d, y), int(R), 'red')      # 绘制右边红色圆圈
24           screen.draw. filled_circle((x, y-d), int(R), 'red')      # 绘制上边红色圆圈
25           screen.draw. filled_circle((x, y+d), int(R), 'red')      # 绘制下边红色圆圈
26
27   def update():  # 更新函数
28       global x, y, d, R, v_d, v_R, v_xy  # 全局变量
```

```
29    x += v_xy  # 利用速度更新蓝色圆圈的圆心坐标

30    y += v_xy

31    d -= v_d  # 利用速度更新蓝色和红色圆圈的圆心距离

32    R -= v_R  # 利用速度更新红色圆圈的半径

33

34    if x < 210 or x > WIDTH-60:  # 如果接近左右边界

35       v_xy = -v_xy  # 蓝色圆圈圆心坐标变化速度反向

36       v_R = -v_R  # 红色圆圈半径变化速度反向

37       v_d = -v_d  # 圆心间距离变化速度反向

38

39  def on_mouse_down():  # 当按下鼠标按键时

40     global showRedCircles  # 全局变量

41     # 切换是否显示红色圆圈

42     showRedCircles = not showRedCircles

43

44  pgzrun.go()  # 启动运行
```

当仅显示蓝色圆圈时，可以看到它的大小保持不变；而显示出大小变化的外围红色圆圈时，中间蓝色圆圈的大小似乎也在变化，如图 5-7 所示。

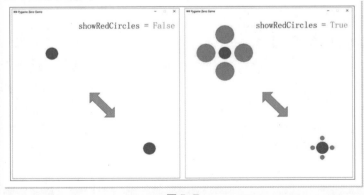

图 5-7

编写代码，实现另一种大小错觉：粉红色（pink）正方形外围有四个黑色的正方形，随着外围正方形的边长变大变小，粉红色正方形的大小似乎也在跟着变化，如图 5-8 所示。

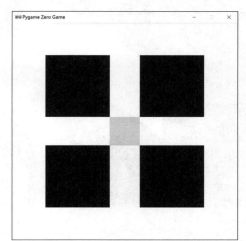 

图 5-8

你可以参考本章的思路，分步骤实现，注意正方形顶点间的位置关系。

扫码观看
程序效果

人们对物体大小的感知，往往受其周边参照物的影响，利用这一原理，本章实现了"大小错觉"的图片效果。大小错觉分为多种不同类型，包括埃宾豪斯错觉（Ebbinghaus Illusion）、谢泼德桌面（Shepard Tables）、贾斯特罗错觉（Jastrow Illusion）、蓬佐错觉（Ponzo Illusion）和德勃夫错觉（Dolboef Illusion）等，本章实现的错觉图片效果属于埃宾豪斯错觉。

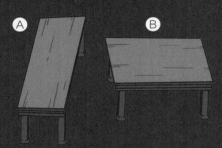

图 5-9　谢泼德桌面

 图 5-9 中的两个桌面哪个比较宽？

当然是 B 啊！

 拿尺子量一下，你会发现神奇的魔法！

天哪！我怀疑自己的眼睛了！

图 5-10　贾斯特罗错觉

 图 5-10 中的两个图形哪个比较长？

当然是 B 啊！

 拿尺子量一下，可能会颠覆你的认知哦！

哇！怎么会这样呢？

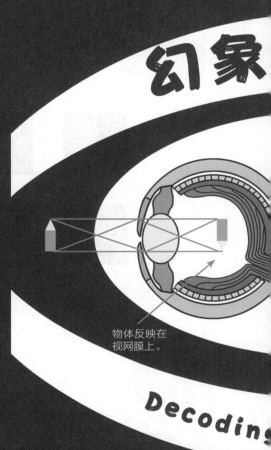

物体反映在视网膜上。

本章案例涉及的埃宾豪斯错觉的命名来自它的发现者——德国心理学家赫尔曼·埃宾豪斯（Hermann Ebbinghaus）。与其他视错觉现象类似，埃宾豪斯错觉的产生也是因为人们观察事物时受到以往经验和参照物的影响，大脑对图片进行加工，在立体感和角度感等方面相互协作，最终产生视错觉。

图 5-11 呈现的是德勃夫错觉，猜猜 A 和 B、C 和 D 里面的橙色圆圈哪个大？

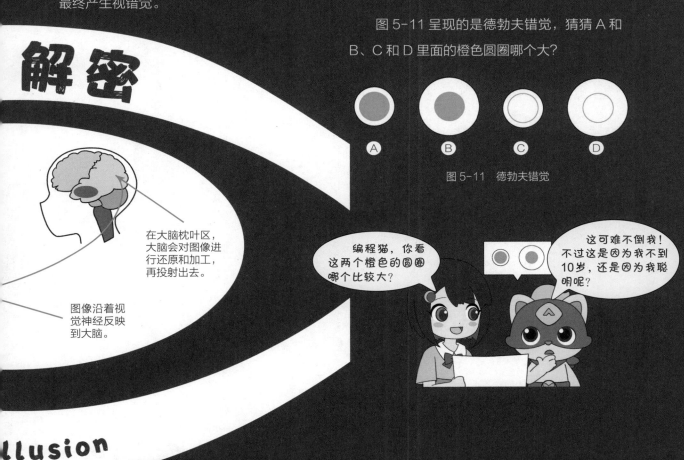

图 5-11　德勃夫错觉

研究显示，对于大小错觉的感受与每个人的初级视皮层相关，出现视错觉的程度因人而异，比如语境敏感性更强的大学生比 10 岁以下的孩子更容易出现这种视错觉。

在了解以上幻象后，请你试着使用 Python 制作埃宾豪斯错觉以外的其他大小错觉图片，比如德勃夫错觉，用实践检验一下中间圆圈的大小吧！

6　圆圈的颜色

首先请大家看图 6-1 中的左右两个圆圈，分别是什么颜色？

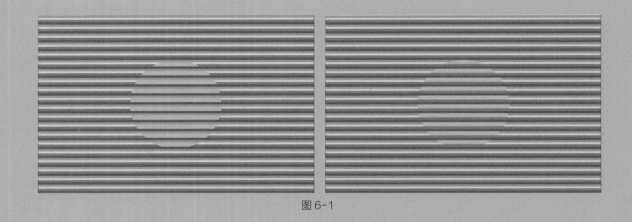

图 6-1

与第一眼看上去不同，这两个圆圈的颜色其实是一样的，而且都是灰色。图 6-2 是去掉彩色长条后的圆圈效果。

图 6-2

是不是非常神奇？下面就打开海龟编辑器，利用 Python 编程来实现吧。

01 绘制多个彩色长条

首先利用循环语句，在画面中绘制多个绿色长条，效果如图 6-3 所示，具体代码如下。

6-1-1.py

```
1   import pgzrun  # 导入游戏库
2   h = 5  # 长条的高度
3   WIDTH = 600  # 设置窗口的宽度
4   HEIGHT = 80*h  # 设置窗口的高度
5
6   def draw():  # 绘制函数
7       screen.fill('white')  # 背景为白色
8       # 绘制多个绿色长条
9       for i in range(0, HEIGHT, 4*h):
10          box = Rect((0, i), (WIDTH, h))
11          screen.draw.filled_rect(box, 'green')
12
13  pgzrun.go()  # 启动运行
```

图 6-3

进一步添加代码，依次绘制出绿色（green）、黄色（yellow）、红色（red）和蓝色（blue）四种颜色的长条，效果如图 6-4 所示。具体代码如下。

6-1-2.py

```
1   import pgzrun  # 导入游戏库
2   h = 5  # 长条的高度
3   WIDTH = 600  # 设置窗口的宽度
4   HEIGHT = 80*h  # 设置窗口的高度
5
6   def draw():  # 绘制函数
7       screen.fill('white')  # 背景为白色
```

6-1-2.py

```
8       for i in range(0, HEIGHT, 4*h):
9           box = Rect((0, i), (WIDTH, h))
10          screen.draw.filled_rect(box, 'green')
11      for i in range(0, HEIGHT, 4*h):
12          box = Rect((0, i+h), (WIDTH, h))
13          screen.draw.filled_rect(box, 'yellow')
14      for i in range(0, HEIGHT, 4*h):
```

```
15        box = Rect((0, i+2*h), (WIDTH, h))
16        screen.draw.filled_rect(box, 'red')
17    for i in range(0, HEIGHT, 4*h):
18        box = Rect((0, i+3*h), (WIDTH, h))
19        screen.draw.filled_rect(box, 'blue')
20
21    pgzrun.go()  # 开始运行
```

6-1-2.py

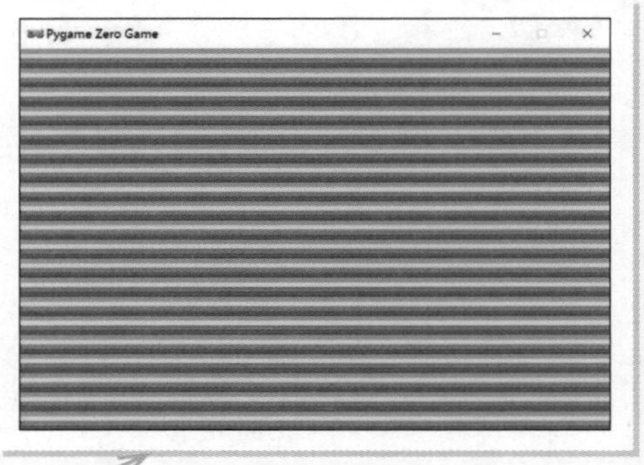

图 6-4

02 利用函数与列表改进代码 ////////////

扫码看视频

6-1-2.py 中绘制多个彩色长条的功能，被重复调用了四次，这里我们可以定义一个函数 drawLines(j, color) 来实现，代码如下。

```
1   import pgzrun  # 导入游戏库
2   h = 5  # 长条的高度
3   WIDTH = 600  # 设置窗口的宽度
4   HEIGHT = 80*h  # 设置窗口的高度
5
6   # 画出多条彩色线
7   # j 取值 0 到 3,color 取值不同的颜色
8   def drawLines(j,color):
9       for i in range(0, HEIGHT, 4*h):
10          box = Rect((0, i+j*h), (WIDTH, h))
11          screen.draw.filled_rect(box, color)
12
13  def draw():  # 绘制函数
```

6-2-1.py

```
14  screen.fill('white')  # 背景为白色
15  drawLines(0, 'green')
16  drawLines(1, 'yellow')
17  drawLines(2, 'red')
18  drawLines(3, 'blue')
19
20  pgzrun.go()  # 开始运行
```

6-2-1.py

6-2-1.py 实现效果同 6-1-2.py 一样，利用函数可以降低代码的复杂性，避免重复劳动，易于程序维护和功能扩充。

将四种颜色字符串存储在列表中，进一步改进代码，具体如下。

```
                                        6-2-2.py
1   import pgzrun # 导入游戏库
2   h = 5 # 长条的高度
3   WIDTH = 600 # 设置窗口的宽度
4   HEIGHT = 80*h # 设置窗口的高度
5   # 要绘制长条的 4 种颜色
6   colors = ['green', 'yellow', 'red', 'blue']
7
8   # 画出多条彩色线，j 取值 0 到 3
9   def drawLines(j):
```

```
                                        6-2-2.py
10      for i in range(0, HEIGHT, 4*h):
11          box = Rect((0, i+j*h), (WIDTH, h))
12          screen.draw.filled_rect(box, colors[j])
13
14  def draw(): # 绘制函数
15      screen.fill('white') # 背景为白色
16      for i in range(4): # 绘制四种彩色长条
17          drawLines(i)
18
19  pgzrun.go() # 开始运行
```

扫码看视频

添加代码，首先绘制绿色和黄色线条，然后绘制灰色圆圈，接着绘制红色和蓝色线条，先绘制的对象会被后绘制的遮挡，效果如图 6-5 所示。具体实现代码如下。

```
                                        6-3-1.py
14  def draw(): # 绘制函数          （其他代码同
15      screen.fill('white') # 背景为白色    6-2-2.py）
16      drawLines(0) # 绿色长条
17      drawLines(1) # 黄色长条
18      # 灰色圆圈
19      screen.draw.filled_circle((300, 200), 100, 'gray')
20      drawLines(2) # 红色长条
21      drawLines(3) # 蓝色长条
```

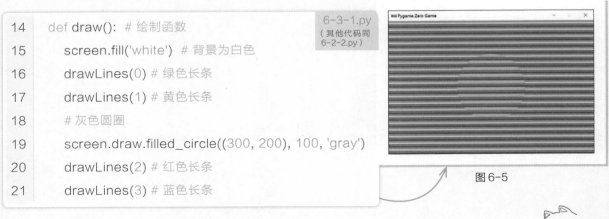

图 6-5

你可以修改彩色线条的绘制顺序，控制不同颜色的线条绘制在灰色圆圈之上，就可以实现不同的圆圈色彩错觉效果，相关代码如下。

```
14    def draw():  # 绘制函数                         6-3-2.py
15        screen.fill('white')  # 背景为白色          （其他代码同
                                                       6-3-1.py）
16        drawLines(1)  # 黄色长条
17        drawLines(2)  # 红色长条
18        # 灰色圆圈
19        screen.draw.filled_circle((300, 200), 100, 'gray')
20        drawLines(3)  # 蓝色长条
21        drawLines(0)  # 绿色长条
```

实现效果如图 6-6 所示。

图 6-6

最后，添加变量 showLiness 设定是否显示彩色线条，并通过单击窗口界面进行切换。实现效果如图 6-7 所示。完整代码如下。

```
1     import pgzrun  # 导入游戏库                      6-3-3.py
2     h = 5  # 长条的高度
3     WIDTH = 600  # 设置窗口的宽度
4     HEIGHT = 80*h  # 设置窗口的高度
5     colors = ['green', 'yellow', 'red', 'blue']  # 要绘制长条的 4 种颜色
6     showLiness = True  # 是否绘制彩色线条
7     # 画出多条彩色线，j 取值 0 到 3
8     def drawLines(j):
9         if showLiness:
10            for i in range(0, HEIGHT, 4*h):
11                box = Rect((0, i+j*h), (WIDTH, h))
12                screen.draw.filled_rect(box, colors[j])
13    def draw():  # 绘制函数
14        screen.fill('white')  # 背景为白色
```

```
15    drawLines(0)  # 绿色长条
16    drawLines(3)  # 蓝色长条
17    # 灰色圆圈
18    screen.draw.filled_circle((300, 200), 100, 'gray')
19    drawLines(1)  # 黄色长条
20    drawLines(2)  # 红色长条
21  def on_mouse_down():  # 当按下鼠标按键时
22    global showLiness  # 全局变量
23    showLiness = not showLiness  # 切换是否绘制彩色线条
24
25  pgzrun.go()  # 开始运行
```

6-3-3.py

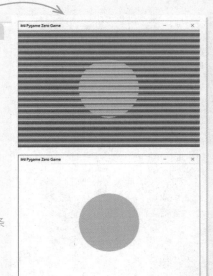

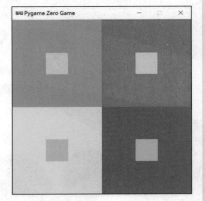

图 6-7

动动手

　　编写代码，实现图 6-8 的错觉图片效果。第一行中心的两个小方块都是淡蓝色（light blue），第二行中心的两个小方块都是淡绿色（light green），但在不同颜色背景的影响下，似乎小方块的颜色也变得不同了。

图 6-8

你可以参考本章的实现思路，将一组大、小方块的绘制封装为函数，降低代码的实现难度。

本章实现的视错觉图片是灰色圆圈在彩色长条的影响下，使我们对灰色圆圈的颜色感知出现了变化，误以为它们是彩色的，这种现象称为"色彩同化"（Colour Assimilation），也称为"贝措尔德效应"（Bezold Effect），是德国气象学家威廉·冯·贝措尔德第一个发现的视错觉现象。

　　与之相对应的是"色彩对比效应"（Color Contrast Effect），比如相同颜色的色块在不同颜色的背景中产生不同的视觉效果，如"动动手"栏目的图 6-8。在神经学研究范畴内，色彩对比效应可以用侧抑制和色彩感知的激发作用来解释，但色彩同化效应则有所不同，那么它是怎么引起的呢？

　　为了说明这一点，我们以一个有趣的色彩同化试验为例。挪威视觉艺术家厄于温·科拉斯（Oyvind Kolas）创作的一张图片曾在网络上引起轰动，他在一张黑白照片上加上彩色网格后，那张照片看起来就像是彩色的，他将这种现象称为"蒙克错觉"（Munker Illusion）。

　　在蒙克错觉中，我们的大脑对这张图的反馈信息是黑白背景加有色网格，除非特别仔细地观察图片，否则大脑会倾向于压缩视觉信息，从而得出整张图片是彩色的印象。

Photo from LGM by Manuel Schmalstieg CC-BY-2.0. Illusory Color Remix by Oyvind Kolas https://pippin.gimp.org/

在日常生活中也不乏色彩同化的现象，比如平面设计师常常通过相邻色彩的组合来达到他们想要的效果，又比如彩色电视机或手机显示屏是由独立的红色、绿色和蓝色发光点组合而成的，我们看屏幕时之所以能看到自然的彩色图像，其实是受到了色彩同化效应的影响。如果你家里有放大镜，可以用它来观察一下手机、计算机或电视的屏幕（开机后），看看是否真的存在独立的红色、绿色和蓝色发光点。

OPTICAL LABORATORY

7 视觉实验室（1）

在第 4 章我们学习了脚步错觉，相信你可以在 Python 中制作出相应的图片。不过，可能在计算机上模拟这种现象，给你的印象还不够深刻，在以下实验中，请你试着亲自动手制作实物，近距离体验一下脚步错觉吧！

1 神奇的脚步

首先，在本书附件中找出贴纸和透明塑料片，将贴纸上黄色和蓝色的两个小方块撕下来，对齐粘贴在透明塑料片上，如图 7-1 所示。

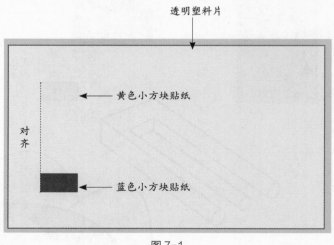

透明塑料片

对齐

黄色小方块贴纸

蓝色小方块贴纸

图 7-1

然后在程序生成的黑白条纹图（见图 7-2）上拖动已粘上贴纸的透明塑料片，在现实世界中感受一下神奇的脚步错觉吧！

在没有条纹背景的情况下，透明塑料片上的小方块自然是同步移动的，可是一旦放到条纹背景上，它们就一前一后地移动，这真的太神奇啦！

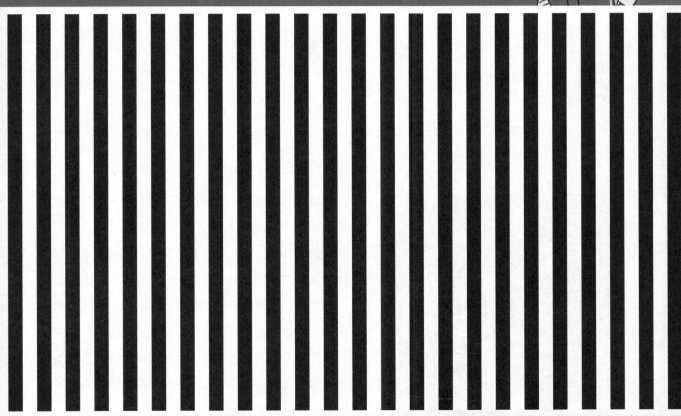

图 7-2

在第 5 章，我们学习了大小错觉，从而得知背景会影响人眼对物体大小的感知。那么，什么是大小恒常呢？它是指在一定范围内，人对物体大小的感知不完全随距离的变化而变化，也不随视网膜上视像的大小而变化。在以下实验中，我们来体验一下大小恒常性是怎么受背景影响的吧！

2 大小恒常错觉

在图 7-3 的这幅图像中，一个大个子正在追赶一个小个子，对吗？ 其实这两个人的大小是完全一样的！不信？用尺子量量看！

图 7-3

这是怎么回事？你所看见的并不一定总是你所感知的。斯坦福大学的心理学家罗杰·谢泼德（Roger Shepard）认为这种错觉与三维图像的深度知觉有关。由于环境的透视效果，使你感觉后面的那个人看起来比前面的距离远，然后你的视觉系统根据"近大远小"的透视规则得出结论：后面的人看起来没有因为远而变小，那么肯定是因为他本来就很大。由此可见，人们的视觉系统常常会被环境误导，作出错误的判断。

扫码看视频，会被震惊哦！

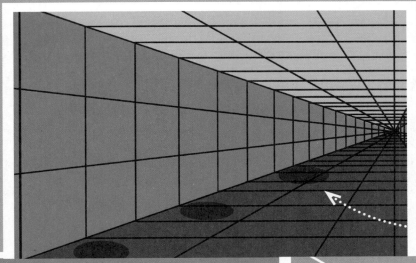

在这个背景上贴上三张
小可的形象贴纸，让她
站在椭圆阴影处。

图 7-4

在图 7-4 和图 7-5 的两张背景
中分别贴上大小一样的人物贴纸，会
产生奇妙的效果吗？动手试一试吧！

在这个背景中贴上三张编程
猫的背影贴纸，让它站在椭
圆阴影处。

图 7-5

在第 6 章，我们了解了蒙克错觉，当你在黑白照片中绘制彩色网格线时，会让大脑产生错觉，以为原图是彩色的。

在这个实验中，我们要利用蒙克错觉来亲手制作一张"彩色"的图片。图 7-6 是彩色原图，我们先将它变成灰色，如图 7-7 所示。请你在图 7-7 上绘制平行的横线，让它变成彩色照片，最终效果参考图 7-8。

3 "彩色" 的图片

准备材料：黄色、红色、蓝色、绿色和棕色 5 支彩色画笔，一把直尺。

图 7-6

参考图 7-6 的颜色选取合适的彩色笔，在图 7-7 上相应的地方画上均匀分布的平行线，注意横线的间距不要太大哦！

图 7-7

最终效果

图 7-8

哇！果然就像科拉斯说的那样，当过度饱和的彩色网格覆盖在黑白图片上时，眼睛就会误以为底下是彩色图片呢！

画完网格后给其他小伙伴或爸爸妈妈看看，他们的眼睛会"上当"吗？

8 颜色渐变的方块

图 8-1

　　图 8-1 中有两个小方块，是不是左边的小方块要比右边的更亮一些？然而，这两个方块的颜色其实是一样的！

　　扫描下面的二维码，观看程序运行的动画视频，看看移动中的方块颜色是否一直在变化。

扫码观看
程序效果

绘制渐变颜色背景

除了用 'black'、'gray'、'white'、'red'、'green'、'blue' 等字符串描述颜色，我们也可以采用数字的形式，具体代码如下。

运行代码 8-1-1.py，在窗口中绘制了一个红色的竖条，如图 8-2 所示。

```
1   import pgzrun # 导入游戏库                    8-1-1.py
2   WIDTH = 600 # 设置窗口的宽度
3   HEIGHT = 400 # 设置窗口的高度
4
5   def draw(): # 绘制函数
6       screen.fill('white') # 背景为白色
7       rect = Rect((0, 0), (30, HEIGHT))
8       # 绘制一个颜色为 (255, 0, 0) 的竖条
9       screen.draw.filled_rect(rect, (255, 0, 0))
10
11  pgzrun.go() # 开始运行
```

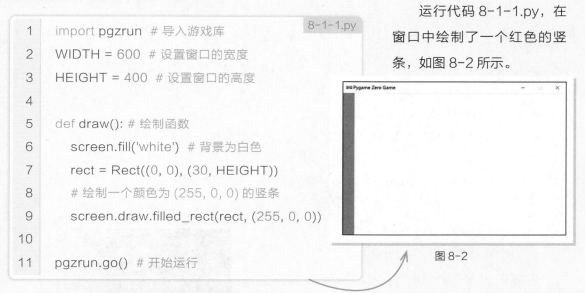

图 8-2

根据三原色原理，任何一种颜色都可由红色（Red）、绿色（Green）和蓝色（Blue）混合而成，如图 8-3 所示。

用 (R,G,B) 的形式来表示颜色，对于任一颜色的分量，默认 0 为最暗，255 为最亮，则产生以下对应关系。

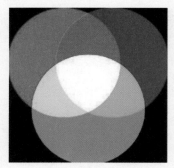

图 8-3

```
1   (255, 255, 255) # 白色
2   (123, 123, 123) # 灰色
3   (0, 0, 0)       # 黑色
4   (255, 0, 0)     # 红色
5   (100, 0, 0)     # 暗红色
6   (0, 255, 0)     # 绿色
7   (0, 0, 255)     # 蓝色
8   (255, 255, 0)   # 黄色
```

利用循环语句，可以绘制出颜色渐变的竖条，代码如下。

```
1   import pgzrun  # 导入游戏库                          8-1-2.py
2   WIDTH = 600  # 设置窗口的宽度
3   HEIGHT = 400  # 设置窗口的高度
4
5   def draw():  # 绘制函数
6       screen.fill('white')  # 背景为白色
7       for i in range(0, WIDTH+1, 30):  # 绘制渐变颜色背景
8           rect = Rect((i, 0), (30, HEIGHT))
9           light = 255*i/WIDTH  # 将 i 映射为 0-255 之间的数值
10          # 绘制颜色为 (light, light, light) 的竖条
11          screen.draw.filled_rect(rect, (light, light, light))
12
13  pgzrun.go()  # 开始运行
```

for 循环语句中，i 从 0 逐步增加到 WIDTH，light = 255*i/WIDTH 从 0 逐步增加到 255。以 (light, light, light) 为颜色进行绘制，即得到从黑色渐变为白色的竖条，如图 8-4 所示。

图 8-4

下面将绘制竖条的宽度设为 1，可以得到颜色平滑渐变的背景，效果如图 8-5 所示。具体代码如下。

```
1   import pgzrun  # 导入游戏库                          8-1-3.py
2   WIDTH = 600  # 设置窗口的宽度
3   HEIGHT = 400  # 设置窗口的高度
4   w = 1  # 竖条的宽度
5
```

```
6    def draw(): # 绘制函数
7        screen.fill('white')  # 背景为白色
8        # 绘制渐变颜色背景
9        for i in range(0, WIDTH+1, w):
10           rect = Rect((i, 0), (w, HEIGHT))
11           # 将 i 映射为 0-255 之间的数值
12           light = 255*i/WIDTH
13           # 绘制颜色为 (light, light, light) 的竖条
14           screen.draw.filled_rect(rect, (light, light, light))
15
16   pgzrun.go()  # 开始运行
```

8-1-3.py

图 8-5

02 绘制来回运动的方块 ////////////////////////

扫码看视频

在窗口中绘制横坐标为 x 的灰色小方块，并且以 vx 为速度横向移动，如此即实现了方块颜色变化的错觉，效果如图 8-6 所示。具体代码如下。

```
1    import pgzrun # 导入游戏库
2    WIDTH = 600 # 设置窗口的宽度
3    HEIGHT = 400 # 设置窗口的高度
4    w = 1 # 竖条的宽度
5    x = 0 # 小方块的 x 坐标
6    vx = 2 # 小方块 x 方向运动速度
7
8    def draw(): # 绘制函数
9        screen.fill('white')  # 背景为白色
```

8-2-1.py

```
10      for i in range(0, WIDTH+1, w):  # 绘制渐变颜色背景
11          rect = Rect((i, 0), (w, HEIGHT))
12          light = 255*i/WIDTH  # 将 i 映射为 0-255 之间的数值
13          # 绘制颜色为 (light, light, light) 的竖条
14          screen.draw.filled_rect(rect, (light, light, light))
15      box = Rect((x, 170), (40, 60))    # 绘制一个移动的灰色小方块
16      screen.draw.filled_rect(box, (123, 123, 123))
17
18  def update():  # 更新函数
19      global x  # 全局变量
20      x = x+vx  # x 坐标增加速度 vx
21
22  pgzrun.go()  # 开始运行
```

8-2-1.py

图 8-6

在 update() 函数中添加以下代码，当方块到达边界时，改变速度 vx 的正负数值，如此即可实现方块的左右往复运动。

8-2-2.py

```
18  def update():  # 更新函数
19      global x, vx  # 全局变量
20      x = x+vx  # x 坐标增加速度 vx
21      if x > WIDTH-40 or x < 0:  # 如果方块到了边界
22          vx = -vx  # 方块移动速度反向
```

添加变量 showBackground，设定是否显示渐变颜色背景，并通过鼠标按键进行切换，如图 8-7 所示。完整代码如下。

8-2-3.py

```
1   import pgzrun  # 导入游戏库
2   WIDTH = 600  # 设置窗口的宽度
3   HEIGHT = 400  # 设置窗口的高度
4   w = 1  # 竖条的宽度
5   x = 0  # 小方块的 x 坐标
6   vx = 2  # 小方块 x 方向运动速度
7   showBackground = True  # 是否显示渐变颜色背景
8
9   def draw():  # 绘制函数
10      screen.fill('white')  # 背景为白色
11      if showBackground:
12          for i in range(0, WIDTH+1, w):  # 绘制渐变颜色背景
13              rect = Rect((i, 0), (w, HEIGHT))
14              light = 255*i/WIDTH  # 将 i 映射为 0-255 之间的数值
15              # 绘制颜色为 (light, light, light) 的竖条
16              screen.draw.filled_rect(rect, (light, light, light))
17      # 绘制一个移动的灰色小方块
18      box = Rect((x, 170), (40, 60))
19      screen.draw.filled_rect(box, (123, 123, 123))
20
21  def update():  # 更新函数
22      global x, vx  # 全局变量
23      x = x+vx  # x 坐标增加速度 vx
24      if x > WIDTH-40 or x < 0:  # 如果方块到了边界
25          vx = -vx  # 方块移动速度反向
26
```

8-2-3.py

```
27    def on_mouse_down():  # 当按下鼠标按键时
28        global showBackground  # 全局变量
29        # 切换是否显示渐变颜色背景
30        showBackground = not showBackground
31
32    pgzrun.go()  # 开始运行
```

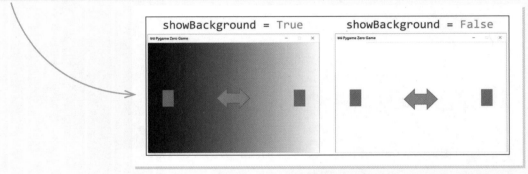

图 8-7

 试着修改书中的代码，实现图 8-8 中的彩色方块颜色渐变错觉吧！

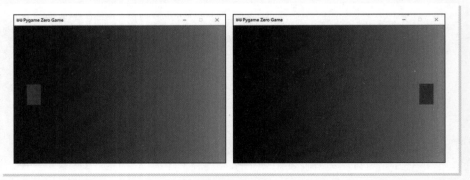

图 8-8

编写代码，绘制图 8-9 的随机颜色方块图案效果。

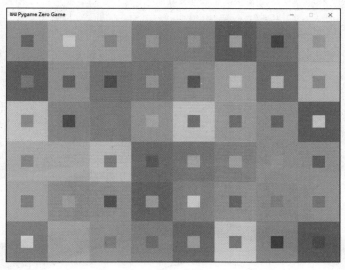

图 8-9

利用随机函数生成 0 到 255 之间的整数，将三个随机整数组合成 (R,G,B) 的形式，即可生成任意的随机颜色。

本章所实现的图片效果是一种"亮度对比效应"，即在深色背景上的灰色物体，会感觉比浅色背景上的灰色物体更明亮一些。

亮度对比效应和第6章提及的色彩对比效应类似，不过彩色光除了受到亮度的影响之外，也受到色彩饱和度对比效应和色调对比效应的制约。在亮度对比效应的案例中，我们以黑白图片来突出亮度的对比效应，它是侧抑制引起的视错觉现象。

所谓侧抑制，指的是相邻神经元之间的抑制作用。在我们的视网膜神经网络中有三级神经元：第一级是光感受器细胞，第二级是双极细胞和水平细胞，第三级是神经节细胞和无长突细胞。水平细胞的体积相对较大，一方面它们可以接受光感受器细胞的兴奋性输入，另一方面它们对位于左右两边的光感受器和双极细胞发出负反馈信号，从而产生侧抑制作用，使我们所看到的影像中亮的地方似乎更亮，而暗的地方似乎更暗。

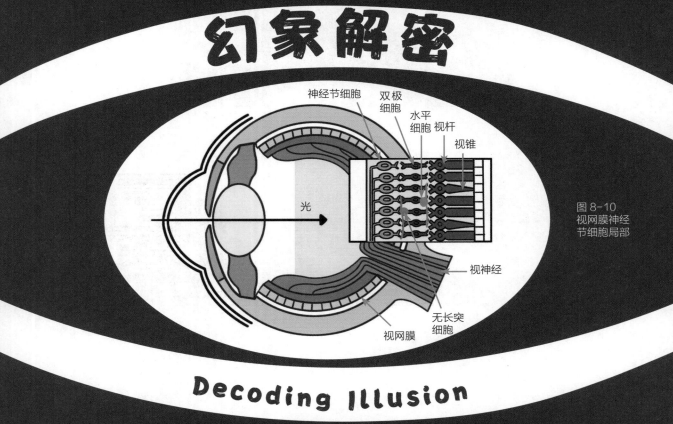

图 8-10
视网膜神经
节细胞局部

在亮度对比效应的案例中，最著名的当属马赫带效应（Mach Band Effect），即奥地利物理学家恩斯特·马赫（Ernst Mach）于 1868 年发现的视错觉现象，如图 8-11 所示。马赫带效应指的是主观意识上的边缘对比效应，即当我们观察两条亮度不同的相邻色带时，其边缘处的亮度对比会变得更加明显，每条色带都像是渐变色；但是仔细观察就会发现，其实每条色带都是均匀的灰色或黑色，只是我们主观地认为边缘处的颜色更深或者更亮。从生理学的角度来说，我们的视觉系统有增强边缘对比度的机制。

图 8-11　马赫带效应示意图

正是因为亮度对比效应，同样的物体在暗背景中显得更亮，在亮背景中显得更暗。此时我们回头看本章实现的"渐变方块"，就不难理解为何同一个色块的颜色会发生"渐变"效果了。

9 催眠的同心圆

图 9-1

在图 9-1 中，我们绘制了一个催眠的同心圆，所有圆圈在逐渐变大消失。扫描下面的二维码，观看程序运行的动画视频。盯着同心圆的中心 10 秒钟，然后再看其他物体，会产生收缩变形的错觉。

扫码观看
程序效果

变大的圆圈

输入并运行以下代码，绘制一个逐渐变大的圆圈。

```
1    import pgzrun  # 导入游戏库
2    WIDTH = 600  # 设置窗口的宽度
3    HEIGHT = 600  # 设置窗口的高度
4    count = 0  # 计数变量
5
6    def draw():  # 绘制函数
7        screen.fill('white')  # 背景为白色
8        rDraw = count  # 绘制圆圈的半径
9        screen.draw.circle((WIDTH/2, HEIGHT/2), rDraw, 'black')
10
11   def update():  # 更新函数
12       global count  # 全局变量
13       count += 1  # 计数变量增加
14
15   pgzrun.go()  # 开始运行
```

9-1-1.py

其中计数变量 count 初始化为 0，并在 update() 函数中逐渐增加。在 draw() 函数中，circle() 函数绘制一个圆心在画面中心的空心圆，将半径 rDraw 设为 count，即绘制出一个逐渐变大的圆圈，如图 9-2 所示。

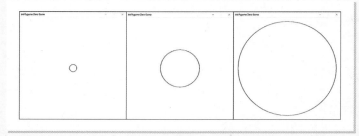

图 9-2

9-1-1.py 实现的圆圈一直变大，最后超出画面消失。为了能让圆圈重复变大，修改代码如下。

```
1   import pgzrun  # 导入游戏库
2   WIDTH = 600  # 设置窗口的宽度
3   HEIGHT = 600  # 设置窗口的高度
4   count = 0  # 计数变量
5   rMax = WIDTH//2  # 绘制圆圈最大半径
6
7   def draw():  # 绘制函数
8       screen.fill('white')  # 背景为白色
9       rDraw = count % rMax + 1  # 绘制圆圈的半径
10      screen.draw.circle((WIDTH/2, HEIGHT/2), rDraw, 'black')
11
12  def update():  # 更新函数
13      global count  # 全局变量
14      count += 1  # 计数变量增加
15
16  pgzrun.go()  # 开始运行
```

9-1-2.py

设定绘制圆圈的最大半径 rMax 为窗口宽度的一半，绘制圆圈的半径 rDraw = count % rMax + 1。利用取余运算，可以让圆圈半径从 1 增加到 rMax，然后变成 1，继续增加到 rMax，如此重复变化。

利用 for 循环语句，可以绘制出多个同心圆，并且同心圆的半径也在重复变大，效果如图 9-3 所示。具体代码如下。

9-2-1.py
（其他代码同
9-1-2.py）

```
7    def draw():  # 绘制函数
8       screen.fill('white')  # 背景为白色
9       for r in range(1, rMax, 10):  # 半径从 1 增加到 rMax
10          rDraw = (r+count) % rMax + 1  # 绘制圆圈的半径
11          screen.draw.circle((WIDTH/2, HEIGHT/2), rDraw, 'black')
```

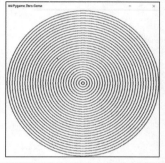

为了实现平滑过渡的效果，让同心圆半径越大，亮度越大，越接近白色背景，实现代码如下。

图 9-3

9-2-2.py
（其他代码同
9-2-1.py）

```
7    def draw():  # 绘制函数
8       screen.fill('white')  # 背景为白色
9       for r in range(1, rMax, 10):  # 半径从 1 增加到 rMax
10          rDraw = (r+count) % rMax + 1  # 绘制圆圈的半径
11          light = 255*rDraw/rMax  # 将 rDraw 映射为 0-255 之间的数值
12          # 绘制颜色为 (light, light, light) 的圆圈
13          screen.draw.circle((WIDTH/2, HEIGHT/2), rDraw, \
14             (light, light, light))
```

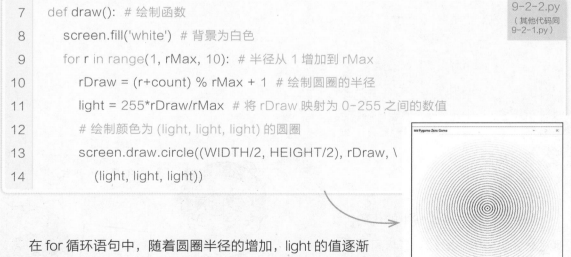

在 for 循环语句中，随着圆圈半径的增加，light 的值逐渐从 0 增加到 255。以 (light, light, light) 为颜色绘制圆圈，其颜色逐渐接近白色背景，如图 9-4 所示。

图 9-4

为了调整同心圆变大的速度，可以修改 update() 函数中计数变量增加的数值。在 draw() 函数中，利用 int() 函数将 count 变为整数变量，从而可以进行取余运算，具体代码如下。

9-2-3.py

```
1   import pgzrun # 导入游戏库
2   WIDTH = 600  # 设置窗口的宽度
3   HEIGHT = 600  # 设置窗口的高度
4   count = 0  # 计数变量
5   rMax = WIDTH//2  # 绘制圆圈最大半径
6
7   def draw():  # 绘制函数
8       screen.fill('white')  # 背景为白色
9       for r in range(1, rMax, 10):  # 半径从 1 增加到 rMax
10          rDraw = (r+int(count)) % rMax + 1  # 绘制圆圈的半径
11          light = 255*rDraw/rMax  # 将 rDraw 映射为 0-255 之间的数值
12          # 绘制颜色为 (light, light, light) 的圆圈
13          screen.draw.circle((WIDTH/2, HEIGHT/2), rDraw,
14                          (light, light, light))
15
16  def update():  # 更新函数
17      global count  # 全局变量
18      count += 0.5  # 计数变量增加
19
20  pgzrun.go()  # 开始运行
```

你也可以尝试修改书中的代码，实现逐渐变小的同心圆，当盯着同心圆看 10 秒钟后，再看其他物体会有膨胀变形的错觉。

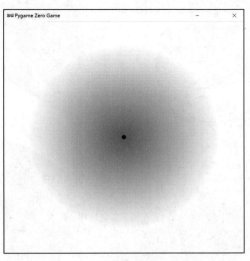

动动手

编写代码，实现图 9-5 的 "填充错觉" 效果。盯着中间的黑点看一段时间，会感觉周围灰色圆圈慢慢消失了。

图 9-5

将同心圆绘制的足够密，设定相应的亮度范围，就可以绘制出图 9-5 中的灰色圆圈效果。

盯着持续变大的同心圆，会在一段时间内改变我们看其他物体的方式，这就是"视觉适应"的现象。这种现象在日常生活中十分常见，比如你半夜起床开灯，突然感觉光线刺眼，眼睛都睁不开，几秒钟之后恢复正常，这就是光适应；或者你从灯光明亮的走廊走进黑灯瞎火的电影院，刚开始什么都看不见，然后慢慢恢复视觉，这就是暗适应。

幻象

Decodin

　　我们生活在瞬息万变的环境中，黑夜和白天的亮度相差数百万倍，因此在长期的生存斗争中，进化出了视觉适应机制。在新出现的光刺激源作用下，视觉系统能够在短时间内调整自己的敏感性和感知力，而当光刺激的作用停止之后，细胞的兴奋没有马上终止，而是维持一段短暂的时间，形成"视觉后象"，这就是为什么我们在看同心圆后，再看其他东西有收缩变形的错觉。

关于视觉适应的应用有一个有趣的案例，那就是为什么海盗总是一只眼睛蒙着眼罩，他们都在激烈的打斗中把眼睛戳瞎了吗？其实不是，他们蒙一只眼睛的目的是为了迅速适应环境。长年在船上生活的海盗们发现船舱内外的光线相差很大，尤其在阳光灿烂的白天，进出船舱的刹那总是看不见东西，难以适应，长此以往还会损坏眼睛。所以他们索性将一只眼睛蒙起来，从外面走进舱内时，就把眼罩换到另一只眼睛上，这样就能很快适应昏暗的环境了。

解密

lusion

10 咖啡墙错觉

图 10-1

    图 10-1 中的每一行都绘制了一些黑白小方块，不同行之间有一些红色的线条。乍一看，感觉这些红色线条是扭曲的，但是如果你拿直尺比一下，就会发现这些线条都是平行的直线！

    下面我们就打开海龟编辑器，一起用 Python 编程实现这个有趣的错觉吧！

01 绘制线条

以下代码用于实现在窗口中绘制一根直线。

```
1    import pgzrun  # 导入游戏库          10-1-1.py
2
3    def draw():  # 绘制函数
4        screen.fill('white')  # 背景为白色
5        # 绘制一根黑色直线
6        screen.draw.line((0, 0), (800, 600), 'black')
7
8    pgzrun.go()  # 开始运行
```

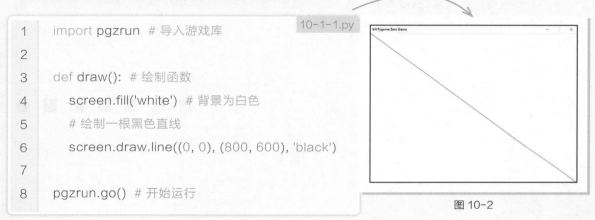

图 10-2

screen.draw.line((0, 0), (800, 600), 'black') 中，(0,0)、(800, 600) 表示直线段两个端点的坐标，'black' 用于设置直线的颜色，绘制效果如图 10-2 所示。

利用循环语句，可以在画面中绘制多条平行的红色直线，效果如图 10-3 所示。具体代码如下。

```
1    import pgzrun  # 导入游戏库          10-1-2.py
2    length = 50  # 小正方形的边长
3    WIDTH = length*15  # 设置窗口的宽度
4    HEIGHT = length*11  # 设置窗口的高度
5    def draw():  # 绘制函数
6        screen.fill('white')  # 背景为白色
7        # 绘制出一些横向红色直线
8        for y in range(length, HEIGHT, length):
9            screen.draw.line((0, y), (WIDTH, y), 'red')
10
11   pgzrun.go()  # 开始运行
```

图 10-3

扫码看视频

02 绘制方块

首先对 x 遍历，在白色背景中绘制一行间隔分布的黑色方块，形成黑白方块依次显示的效果，如图 10-4 所示。具体代码如下。

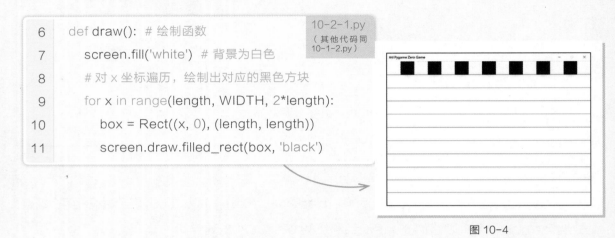

```
6    def draw():  # 绘制函数
7        screen.fill('white')  # 背景为白色
8        # 对 x 坐标遍历，绘制出对应的黑色方块
9        for x in range(length, WIDTH, 2*length):
10           box = Rect((x, 0), (length, length))
11           screen.draw.filled_rect(box, 'black')
```

10-2-1.py
（其他代码同
10-1-2.py）

图 10-4

然后添加对 y 的遍历代码，可以绘制出图 10-5 的效果，具体代码如下。

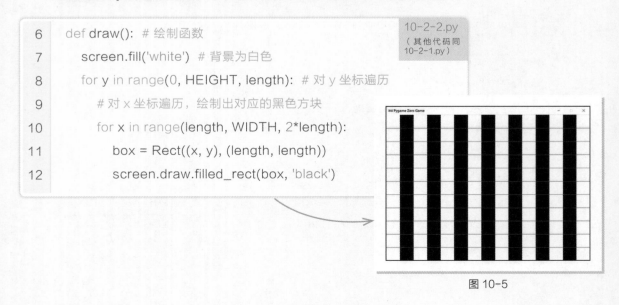

```
6    def draw():  # 绘制函数
7        screen.fill('white')  # 背景为白色
8        for y in range(0, HEIGHT, length):  # 对 y 坐标遍历
9            # 对 x 坐标遍历，绘制出对应的黑色方块
10           for x in range(length, WIDTH, 2*length):
11               box = Rect((x, y), (length, length))
12               screen.draw.filled_rect(box, 'black')
```

10-2-2.py
（其他代码同
10-2-1.py）

图 10-5

图 10-5 中红色直线看起来是正常的。添加以下代码，让奇数行的方块向左边移动一点，实现奇偶行方块错开显示的效果，如图 10-6 所示。

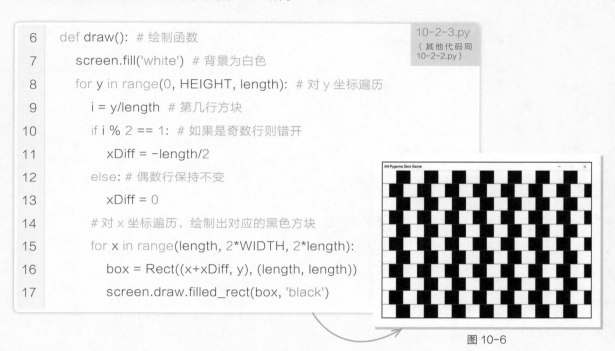

```
6   def draw():  # 绘制函数
7       screen.fill('white')  # 背景为白色
8       for y in range(0, HEIGHT, length):  # 对 y 坐标遍历
9           i = y/length  # 第几行方块
10          if i % 2 == 1:  # 如果是奇数行则错开
11              xDiff = -length/2
12          else:  # 偶数行保持不变
13              xDiff = 0
14          # 对 x 坐标遍历，绘制出对应的黑色方块
15          for x in range(length, 2*WIDTH, 2*length):
16              box = Rect((x+xDiff, y), (length, length))
17              screen.draw.filled_rect(box, 'black')
```

10-2-3.py
（其他代码同 10-2-2.py）

图 10-6

为什么平行线要红色的？其他颜色可以吗？

既然有疑问，可以在做完整个程序后再尝试一下其他颜色。

在错开的黑白方块的影响下，图 10-6 中的红色线条仿佛扭曲了。

最后，添加变量 showDiff 控制奇偶行方块是否错开，并单击鼠标切换显示效果，完整代码如下。

10-2-4.py

```
1   import pgzrun  # 导入游戏库
2   length = 50  # 小正方形的边长
3   WIDTH = length*15  # 设置窗口的宽度
4   HEIGHT = length*11  # 设置窗口的高度
5   showDiff = True  # 是否让奇偶行交错
6
7   def draw():  # 绘制函数
8       screen.fill('white')  # 背景为白色
9       for y in range(0, HEIGHT, length):  # 对 y 坐标遍历
10          i = y/length  # 第几行方块
11          if i % 2 == 1 and showDiff:  # 如果是奇数行则错开
12              xDiff = -length/2
13          else:  # 偶数行保持不变
14              xDiff = 0
15          # 对 x 坐标遍历，绘制出对应的黑色方块
16          for x in range(length, 2*WIDTH, 2*length):
17              box = Rect((x+xDiff, y), (length, length))
18              screen.draw.filled_rect(box, 'black')
19      for y in range(length, HEIGHT, length):   # 绘制出一些横向红色直线
20          screen.draw.line((0, y), (WIDTH, y), 'red')
21  def on_mouse_down():  # 当按下鼠标按键时
22      global showDiff  # 全局变量
23      showDiff = not showDiff  # 切换是否让奇偶行交错
24
25  pgzrun.go()  # 开始运行
```

编写代码，在控制台输出类似图 10-7 中的字符串，然后观察一下，输出的文字位置似乎扭曲了。

```
一十大文变花一十大文变花一十大文变花一十大文变花一十大文变花一十大文变花
一十大文变花一十大文变花一十大文变花花变文大十一十大文变花花变文大十一
一十大文变花花变文大十一花变文大十一十大文变花一十大文变花
花变文大十一花变文大十一花变文大十一花变文大十一十大文变花一十大文变花
一十大文变花一十大文变花一十大文变花一十大文变花一十大文变花
花变文大十一花变文大十一花变文大十一花变文大十一一十大文变花花变文大十一
```

图 10-7

字符串中的文字都有"横"笔画，而不同文字中"横"笔画的高度不一样，引起了不同文字高度不一的错觉。读者可以利用字符串拼接功能，生成一个较长的字符串，最后利用 print() 函数输出到控制台。

本章实现的几何视错觉称为"咖啡墙错觉"，在 1898 年发现的"幼儿园视错觉"理论中被首次提及，后于 1973 年被英国布里斯托大学的理查德·格雷戈里（Richard Gregory）教授重新发现。起因是格雷戈里的实验室同事斯蒂夫在布里斯托圣麦克山脚下的一家咖啡馆发现了一个不寻常之处——咖啡馆的外墙装饰采用黑白瓷砖交错拼接，每一行瓷砖是平行的，但是看上去横向的分隔线是倾斜的，轮流向两边由宽变窄，产生楔形扭曲，如图 10-8 所示。这种现象引起了格雷戈里教授所在实验室的极大兴趣。1979 年，他和同事普利西拉联名将关于咖啡墙错觉的研究成果发表在《知觉》（*Perception*）杂志上。

图 10-8　格雷戈里教授在咖啡馆外

　　根据他们的研究，咖啡墙错觉存在一些法则，其中有两条十分有趣，分别与横向边界线颜色的亮度以及瓷砖颜色的亮度有关。

　　这里所说的亮度指的是色彩亮度，也叫色彩明度，是色彩的三要素之一。我们知道，不同颜色有明暗之分，相同颜色也有深浅明暗之别，这种特性在咖啡墙错觉中起到什么作用呢？

　　格雷戈里等人发现，若要使视觉扭曲更显著，横向边界线的亮度必须介于两种瓷砖的亮度之间。例如在前文我们实现的图片效果中，横向边界线是红色的，这样视错觉会变得更明显。

假如将红色线条改成黑色，会有什么效果呢？闵斯特伯格图形（图 10-9）就是这样一个特例，它的线条是黑色的，与黑色瓷砖具有相同的亮度，和前文实现的视错觉图片对照看看，它的扭曲效应是不是降低了呢？

图 10-9　闵斯特伯格图形

你可以在程序中将红色线修改成黑色进行验证，不过要注意的是，横线的粗细也会影响这种视错觉的扭曲程度。

那么瓷砖的颜色对咖啡墙错觉有影响吗？研究表明，假如你将黑白瓷砖的颜色改成彩色的，比如红色和绿色，横线的颜色也改成彩色的，视错觉仍旧存在；但是如果两种瓷砖的颜色亮度相同，视错觉就会消失。你可以在程序中试着修改瓷砖的颜色，比较相同亮度的情况下是否还存在咖啡墙错觉。

其实咖啡墙错觉不仅仅存在于咖啡馆中，一些建筑的内部或外墙都采用了这种视错觉效果的装饰，比如澳大利亚墨尔本的 Port 1010 大厦（图 10-10），其外墙上的横线实际上是平行的，会不会让有强迫症的人很难受呢？

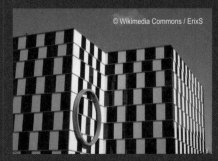

© Wikimedia Commons / ErixS

图 10-10　Port 1010 大厦

11　黑林错觉

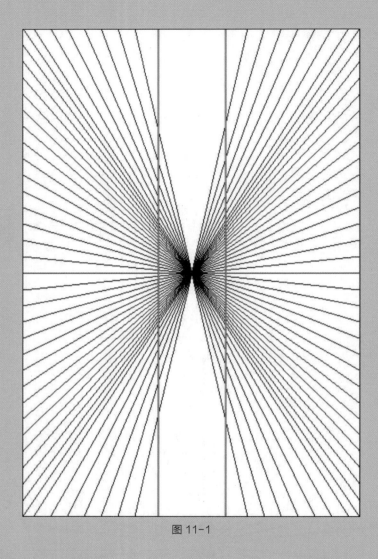

图 11-1

　　观察图 11-1，你会发现图中的两条红色线条感觉是弯曲的，然而如果拿直尺量一下，会发现这是两条直线！

　　下面我们就打开海龟编辑器，一起用 Python 编程实现这个有趣的错觉效果吧！

01 绘制黑色线条

利用循环语句，可以绘制画面左右边界上的点到画面中心的直线，效果如图 11-2 所示。具体代码如下。

```
1   import pgzrun # 导入游戏库
2   WIDTH = 400  # 设置窗口的宽度
3   HEIGHT = 600  # 设置窗口的高度
4   centerX = WIDTH/2 # 画面中心坐标
5   centerY = HEIGHT/2
6   interval = 20 # 线条端点间的间隔
7
8   def draw():
9       screen.fill('white')  # 背景为白色
10      # 绘制画面左右边界上的点到画面中心的直线
11      for y in range(0, HEIGHT+1, interval):
12          screen.draw.line((0, y), (centerX, centerY), 'black')
13          screen.draw.line((WIDTH, y), (centerX, centerY), 'black')
14
15  pgzrun.go() # 开始运行
```

11-1-1.py

图 11-2

在 for 循环语句中，表示纵坐标的变量 y 从 0 逐渐增加到 HEIGHT，间隔 interval。依次画出画面左边界上的点 (0, y) 到画面中心 (centerX, centerY) 的连线，画面右边界上的点 (WIDTH, y) 到画面中心 (centerX, centerY) 的连线，效果如图 11-2 所示。

115

同样，可以绘制画面上下边界上的部分采样点到画面中心点的连线，具体代码如下。

```
8    def draw():
9        screen.fill('white')  # 背景为白色
10       # 绘制画面左右边界上的点到画面中心的直线
11       for y in range(0, HEIGHT+1, interval):
12           screen.draw.line((0, y), (centerX, centerY), 'black')
13           screen.draw.line((WIDTH, y), (centerX, centerY), 'black')
14       # 绘制画面上下边界上的点到画面中心的直线
15       for x in range(WIDTH//3, 0, -interval): # 左边的
16           screen.draw.line((x, 0), (centerX, centerY), 'black')
17           screen.draw.line((x,HEIGHT), (centerX, centerY), 'black')
18       for x in range(WIDTH*2//3, WIDTH, interval): # 右边的
19           screen.draw.line((x, 0), (centerX, centerY), 'black')
20           screen.draw.line((x,HEIGHT), (centerX, centerY), 'black')
```

11-1-2.py
（其他代码同
11-1-1.py）

注意上下边界仅采样左边三分之一、右边三分之一的点，中间三分之一的点不与画面中心连线。绘制效果如图 11-3 所示。

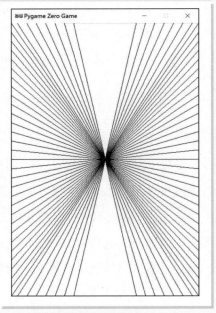

图 11-3

116 Python 视错觉魔法书

02 绘制红色线条 //////////////////////////////

line() 函数绘制的线条较细，为了得到更好的绘制效果，利用 filled_rect() 函数在画面中间绘制两个宽度为 2 的红色线条，代码如下。

```
22    # 绘制两个垂直的红色线条
23    box1 = Rect((WIDTH*0.4, 0), (2, HEIGHT))
24    screen.draw.filled_rect(box1, 'red')
25    box2 = Rect((WIDTH*0.6, 0), (2, HEIGHT))
26    screen.draw.filled_rect(box2, 'red')
```

11-2-1.py
（其他代码同
11-1-2.py）

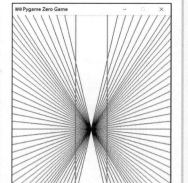

图 11-4

在黑色放射状线条的影响下，图 11-4 中的红色平行线似乎出现了扭曲。

最后，添加变量 showLines 控制是否显示背景线条，并可以单击鼠标切换显示效果，完整代码如下。

```
1    import pgzrun  # 导入游戏库
2    WIDTH = 400  # 设置窗口的宽度
3    HEIGHT = 600  # 设置窗口的高度
4    centerX = WIDTH/2  # 画面中心坐标
5    centerY = HEIGHT/2
6    interval = 20  # 线条端点间的间隔
7    showLines = True  # 是否显示背景线条
8
9    def draw():  # 绘制函数
```

11-2-2.py

```
10    screen.fill('white')  # 背景为白色
11    if showLines:
12        # 绘制画面左右边界上的点到画面中心的直线
13        for y in range(0, HEIGHT+1, interval):
14            screen.draw.line((0, y), (centerX, centerY), 'black')
15            screen.draw.line((WIDTH, y), (centerX, centerY), 'black')
16        # 绘制画面上下边界上的点到画面中心的直线
17        for x in range(WIDTH//3, 0, -interval): # 左边的
18            screen.draw.line((x, 0), (centerX, centerY), 'black')
19            screen.draw.line((x, HEIGHT), (centerX, centerY), 'black')
20        for x in range(WIDTH*2//3, WIDTH, interval): # 右边的
21            screen.draw.line((x, 0), (centerX, centerY), 'black')
22            screen.draw.line((x, HEIGHT), (centerX, centerY), 'black')
23
24    # 绘制两条垂直的红色线条
25    box1 = Rect((WIDTH*0.4, 0), (2, HEIGHT))
26    screen.draw.filled_rect(box1, 'red')
27    box2 = Rect((WIDTH*0.6, 0), (2, HEIGHT))
28    screen.draw.filled_rect(box2, 'red')
29
30 def on_mouse_down(): # 鼠标按键函数
31     global showLines # 全局变量
32     # 切换是否显示背景线条
33     showLines = not showLines
34
35 pgzrun.go() # 开始运行
```

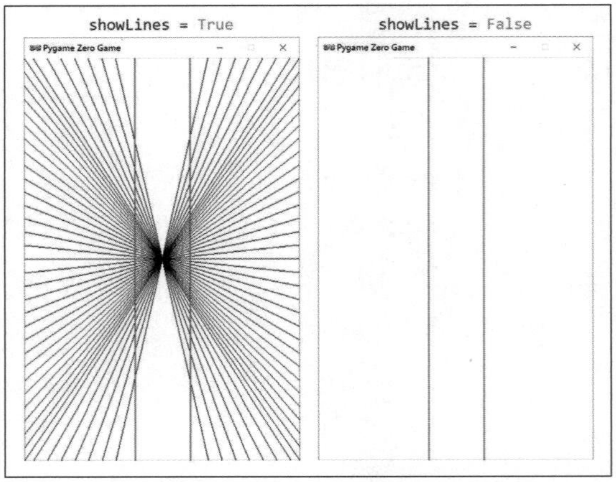

图 11-5

编写代码，实现图 11-6 的"奥毕森幻觉"效果。在放射状线条的影响下，红色正方形似乎发生了变形。

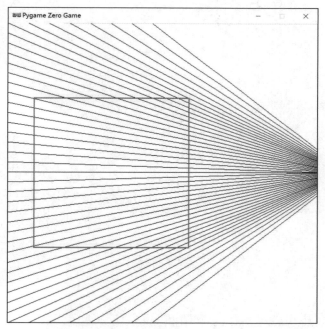

图 11-6

line() 函数绘制线条的端点，可以在画面之外。

两条平行的直线被许多相交的直线分割后，会让人感觉这两条平行线向外弯曲，这种方向错觉就是"黑林错觉"（Hering Illusion），由德国生理学家埃瓦尔德·黑林（Ewald Hering）于1861年提出。

据史料记载，在19世纪末的西方，黑林错觉常被用于审讯犯人。1892年，在德国小镇巴登巴登（Baden-Baden）有一个名叫约翰逊·盖琳的连环杀人犯落网，在审讯初期拒不交代作案过程。于是主审官拿出一个上有黑林错觉图形的案板放在他面前，让他目不转睛地盯着看。这个原本面不改色的杀人犯竟然吓得几乎昏厥，随后交代了全部犯罪事实。在刑场上准备处决这个杀人犯时，刽子手问他在案板上看到了什么，他说："我看到一个个扭曲的灵魂在向我索命。"视错觉现象与人的经验、不当的参照物有关，其中经验还涉及心理因素，所以杀人犯看到的诡异假象与他的心虚不无关系。

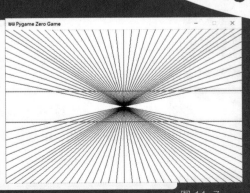

关于黑林错觉的原理目前尚无定论，但存在多种假说，其中一种是"锐角膨胀假说"——人的感知系统对锐角有膨胀的倾向，即看见的锐角比它本身的角度要大些。在本章制作的图片案例中，黑色射线与两条竖线交叉，导致视觉系统加强黑线和红线的方向差异，也就是说，它们交叉的锐角看起来膨胀、扩大了，导致红线的中间部分向外弯曲。

为了证实锐角膨胀假说，你可以试着将黑林错觉图片旋转90度，看看这种错觉是否还存在。参考代码如下。

```
1   import pgzrun  # 导入游戏库
2   WIDTH = 600  # 设置窗口的宽度
3   HEIGHT = 400  # 设置窗口的高度
4   centerX = WIDTH/2  # 画面中心坐标
5   centerY = HEIGHT/2
6   interval = 20  # 线条端点间的间隔
7   showLines = True  # 是否显示背景线条
```

图11-7

```python
8    def draw():  # 绘制函数
9        screen.fill('white')  # 背景为白色
10       if showLines:
11           # 绘制画面上下边界上的点到画面中心的直线
12           for x in range(0, WIDTH+1, interval):
13               screen.draw.line((x, 0), (centerX, centerY), 'black')
14               screen.draw.line((x, HEIGHT), (centerX, centerY), 'black')
15           # 绘制画面左右边界上的点到画面中心的直线
16           for y in range(HEIGHT//3, 0, -interval):  # 左边的
17               screen.draw.line((0, y), (centerX, centerY), 'black')
18               screen.draw.line((WIDTH, y), (centerX, centerY), 'black')
19           for y in range(HEIGHT*2//3, HEIGHT, interval):  # 右边的
20               screen.draw.line((0, y), (centerX, centerY), 'black')
21               screen.draw.line((WIDTH, y), (centerX, centerY), 'black')
22
23       # 绘制两个水平的红色长方形
24       box1 = Rect((0,HEIGHT*0.4), (WIDTH, 2))
25       screen.draw.filled_rect(box1, 'red')
26       box2 = Rect((0, HEIGHT*0.6), (WIDTH, 2))
27       screen.draw.filled_rect(box2, 'red')
28
29   def on_mouse_down():  # 鼠标按键函数
30       global showLines  # 全局变量
31       showLines = not showLines  # 切换是否显示背景线条
32
33   pgzrun.go()  # 开始运行
```

黑林错觉还常被用在服装设计领域，比如通过横竖条纹线的设计显瘦。你可以拿出纸笔在一个方形中设计条纹，然后尝试编程实现效果，看看怎么设计让人显得更壮实或更苗条。

12 转动的风扇

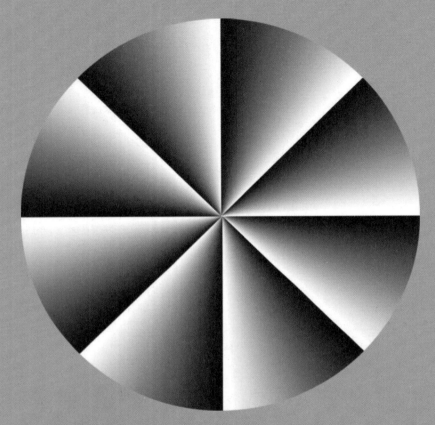

图 12-1

　　盯着图 12-1 一段时间，会感觉图片中的扇形在做逆时针方向的转动，就像转动的电风扇一样，是不是很神奇？

　　下面我们就打开海龟编辑器，一起用 Python 编程实现这个有趣的错觉效果吧！

01 绘制一个扇形

扫码看视频

这次的案例我们需要导入 math 库（import math），math 库包含了常用的数学常量和函数的定义。比如圆周率 π、正弦函数 sin()、余弦函数 cos()，调用形式依次为 math.pi、math.sin()、math.cos()。

给定角度 angle，以下代码利用三角函数，绘制了圆上对应的半径线段。

```
                                                        12-1-1.py
1   import pgzrun  # 导入游戏库
2   import math  # 导入数学库
3   WIDTH = 400  # 设置窗口的宽度
4   HEIGHT = 400  # 设置窗口的高度
5   centerX = WIDTH//2  # 窗口中心坐标
6   centerY = HEIGHT//2
7   r = WIDTH//2  # 圆圈半径
8
9   def draw():  # 绘制函数
10      screen.fill('white')  # 背景为白色
11      # 画一个圆圈
12      screen.draw.circle((centerX, centerY), r, 'red')
13
14      angle = math.pi/6  # 线段对应的角度
15      x = centerX + r*math.cos(angle)  # 线段末端 x 坐标
16      y = centerY + r*math.sin(angle)  # 线段末端 y 坐标
17      # 绘制 (x,y) 到窗口中心的线段
18      screen.draw.line((x, y), (centerX, centerY), 'black')
19
20  pgzrun.go()  # 开始运行
```

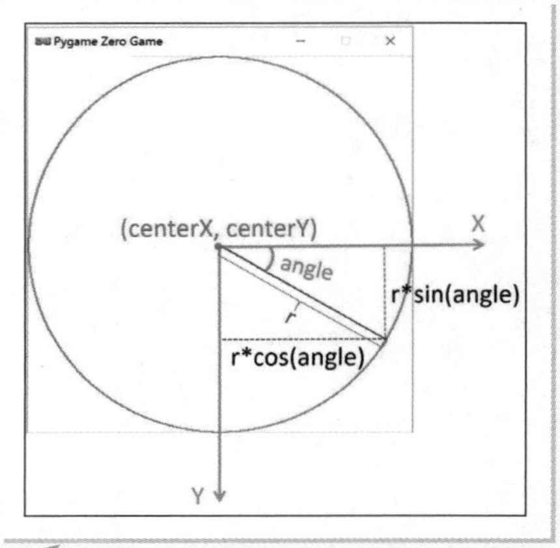

对应三角函数的关系如图 12-2 所示。

图 12-2

利用 while 语句，让 angle 从 0 逐渐增加到 π/4，依次绘制出角度对应的半径线段，即绘制了八分之一圆的扇形，效果如图 12-3 所示。对应代码如下。

12-1-2.py
（其他代码同
12-1-1.py）

```
9    def draw(): # 绘制函数
10       screen.fill('white')  # 背景为白色
11       # 画一个圆圈
12       screen.draw.circle((centerX, centerY), r, 'red')
13
14       angle = 0  # 线段对应的角度
15       while angle < math.pi/4: # while 循环语句
16           angle += 0.0001 # 角度逐渐增加
17           x = centerX + r*math.cos(angle) # 线段末端 x 坐标
18           y = centerY + r*math.sin(angle) # 线段末端 y 坐标
19           # 绘制 (x,y) 到窗口中心的线段
20           screen.draw.line((x, y), (centerX, centerY), 'black')
```

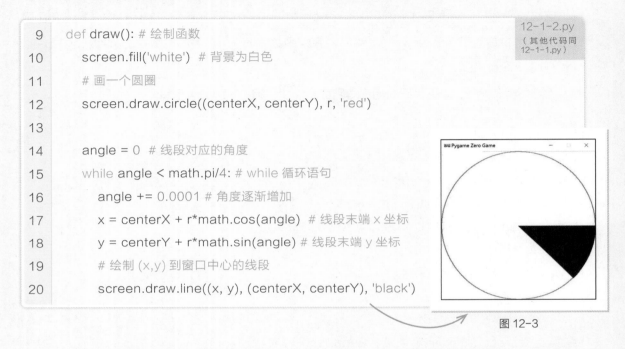

图 12-3

设定 light 变量，随着 angle 从 0 增加 π/4，light 逐渐从 0 增加到 255。以 (light, light, light) 为颜色绘制对应角度的半径线段，即绘制一个颜色渐变的扇形，效果如图 12-4 所示，具体代码如下。

12-1-3.py
（其他代码同
12-1-2.py）

```
9    def draw(): # 绘制函数
10       screen.fill('white')  # 背景为白色
11       angle = 0  # 线段对应的角度
12       while angle < math.pi/4: # while 循环语句
13           angle += 0.0001 # 角度逐渐增加
14           x = centerX + r*math.cos(angle) # 线段末端 x 坐标
15           y = centerY + r*math.sin(angle) # 线段末端 y 坐标
16           light = angle/(math.pi/4)*270 # 将角度映射为亮度
```

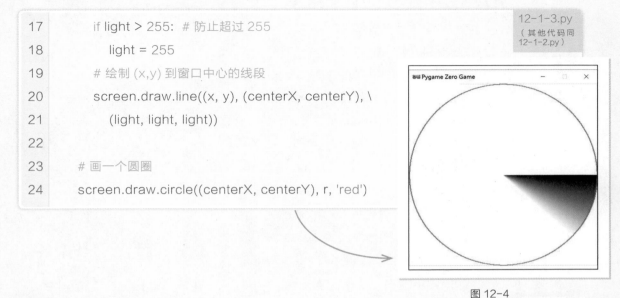

```
17        if light > 255:  # 防止超过 255
18            light = 255
19        # 绘制 (x,y) 到窗口中心的线段
20        screen.draw.line((x, y), (centerX, centerY), \
21            (light, light, light))
22
23        # 画一个圆圈
24        screen.draw.circle((centerX, centerY), r, 'red')
```

12-1-3.py
（其他代码同
12-1-2.py）

图 12-4

扫码看视频

02 绘制八个扇形

添加 for 循环语句绘制 8 个扇形，设定每一个扇形的开始和终止角度，效果如图 12-5 所示。
完整代码如下。

12-2-1.py

```
1   import pgzrun  # 导入游戏库
2   import math  # 导入数学库
3   WIDTH = 400  # 设置窗口的宽度
4   HEIGHT = 400  # 设置窗口的高度
5   centerX = WIDTH//2  # 窗口中心坐标
6   centerY = HEIGHT//2
7   r = WIDTH//2  # 圆圈半径
8
9   def draw():  # 绘制函数
10      screen.fill('white')  # 背景为白色
```

```
11      for i in range(8): # 一共绘制 8 个扇形
12          startAngle = i*math.pi/4 # 扇形开始角度
13          endAngle = (i+1)*math.pi/4 # 扇形终止角度
14          angle = startAngle  # 线段对应的角度
15          while angle < endAngle: # while 循环语句
16              angle += 0.0001  # 角度逐渐增加
17              x = centerX + r*math.cos(angle) # 线段末端 x 坐标
18              y = centerY + r*math.sin(angle) # 线段末端 y 坐标
19              # 将角度映射为亮度
20              light = (angle-startAngle)/(math.pi/4)*270
21              if light > 255: # 防止亮度超过 255
22                  light = 255
23              # 绘制 (x,y) 到窗口中心的线段
24              screen.draw.line((x, y), (cen terX, centerY), \
25                  (light, light, light))
26
27      pgzrun.go() # 开始运行
```

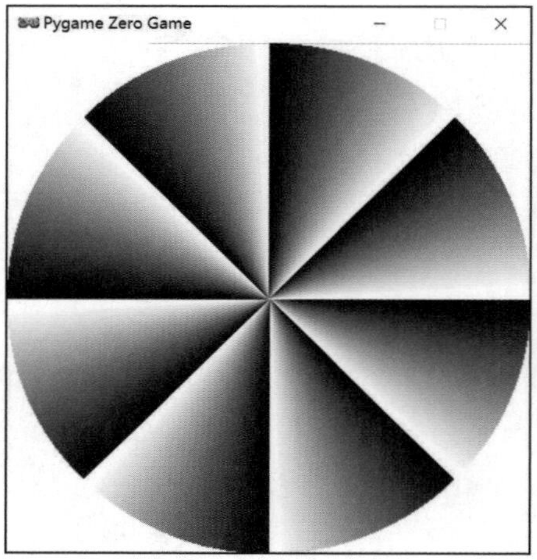

图 12-5

编写代码，实现图 12-6 的"侯赛因幻觉"。所有的竖直线条是等长的，然而看起来线条却长短不一。

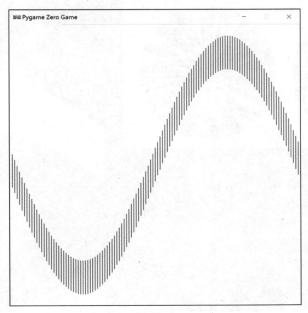

图 12-6

利用 math 库的正弦函数，
可以绘制出以正弦曲线上的点
为中心，等长的竖直线条。

本章实现的错觉称为"周边漂移错觉"（Peripheral Drift Illusion），由心理学家福贝尔（Faubert）和赫伯特（Herbert）于1999年提出这一概念，但是这个现象首次被发现则要回溯到1979年，弗雷泽（Fraser）和威尔科克斯（Wilcox）设计了一张螺旋式阶梯的错觉图。他们发现有75%的人能看到螺旋式阶梯在由暗处向亮处的方向旋转，如图12-7所示。

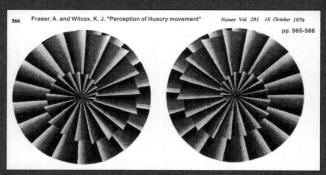

图12-7　弗雷泽和威尔科克斯设计的螺旋错觉图
发表于1979年《自然》（Nature）杂志

后来福贝尔和赫伯特设计出简化版螺旋图，即本章所实现的视错觉图片，得到更明显的旋转效果，如图12-8所示。

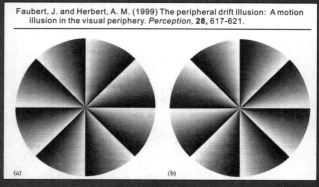

图12-8　福贝尔和赫伯特设计的周边漂移错觉图

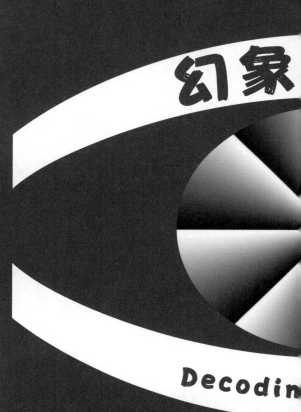

周边漂移错觉的概念引起很多研究者的兴趣，随着时间的推移，他们设计出越来越多元化的升级版图片，比如本书第 19 章介绍的"旋转蛇"便是其中一个著名案例。

目前这种错觉产生的机制还存在一定争议，较为普遍的解释是人们对不同对比度图案的感知速度不同，这个时间差会导致图案产生旋转的错觉。这是因为视觉神经元具有方向选择性，它们对不同的对比度刺激具有不同的反应时间，对高对比度刺激的反应更快一些。

对于人眼来说，黑色和白色是对比度最高的一组颜色，也是人眼识别最快的颜色，随着与黑、白两色拉开距离，识别颜色的速度逐渐降低，这种识别速度的差异给人造成了运动的错觉。因此，当图形出现黑色、深灰、浅灰和白色的排列顺序时，便产生旋转运动的感觉。

在了解这个原理后，以后要是有人拿一张周边漂移错觉图片告诉你"如果看到图片在动，说明你压力太大"，你知道应该如何反击了吧？

13 动态米勒 - 莱尔错觉

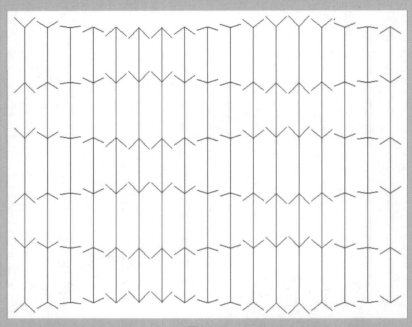

图 13-1

　　图 13-1 中绘制了一些红色、蓝色线段，这些线段看起来长短不一，然而用直尺量一下，会发现它们的长度居然都是一样的！

　　扫码观看视频，体验一下这个神奇的动态错觉，然后打开海龟编辑器，用 Python 实现这种视错觉图片效果吧！

扫码观看
程序效果

01 静态米勒 – 莱尔错觉

首先，在窗口中绘制图 13-2 的两根相等长度的黑色直线段，代码如下。

```python
import pgzrun  # 导入游戏库
WIDTH = 400  # 设置窗口的宽度
HEIGHT = 250  # 设置窗口的高度

def draw():  # 绘制函数
    screen.fill('white')  # 背景为白色
    # 上边线段
    screen.draw.line((100, 100), (300, 100), 'black')
    # 下边线段
    screen.draw.line((100, 150), (300, 150), 'black')

pgzrun.go()  # 开始运行
```

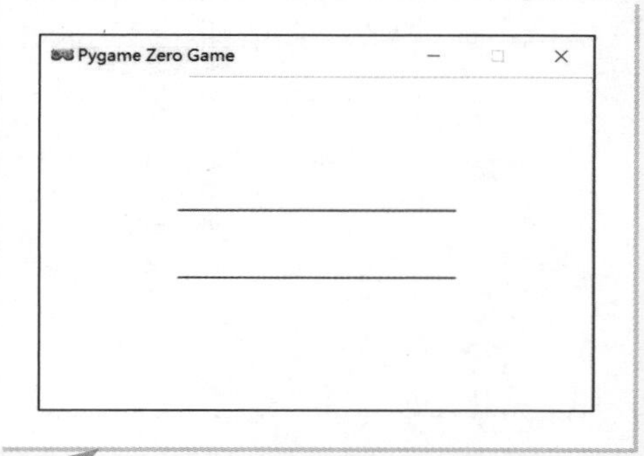

13-1-1.py

图 13-2

然后在线段的两个端点加一些箭头，就可以看到神奇的错觉了，具体代码如下。

```python
import pgzrun  # 导入游戏库
WIDTH = 400  # 设置窗口的宽度
HEIGHT = 250  # 设置窗口的高度
diff = 15  # 箭头末端坐标偏移量

def draw():  # 绘制函数
    screen.fill('white')  # 背景为白色
```

13-1-2.py

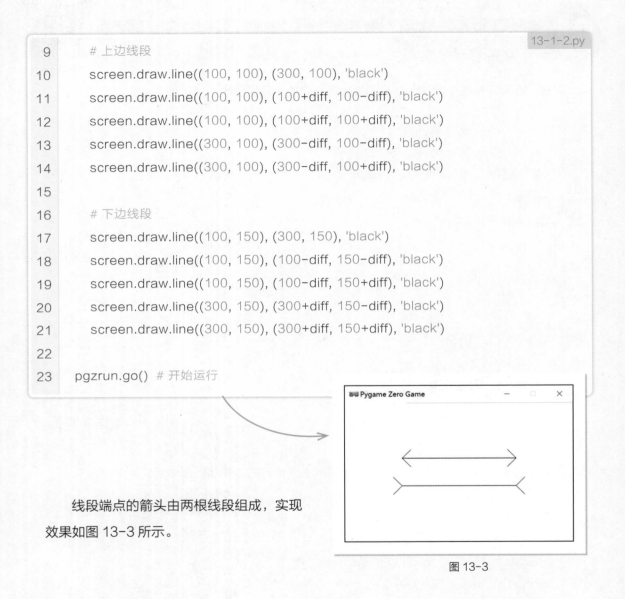

```
 9          # 上边线段
10          screen.draw.line((100, 100), (300, 100), 'black')
11          screen.draw.line((100, 100), (100+diff, 100-diff), 'black')
12          screen.draw.line((100, 100), (100+diff, 100+diff), 'black')
13          screen.draw.line((300, 100), (300-diff, 100-diff), 'black')
14          screen.draw.line((300, 100), (300-diff, 100+diff), 'black')
15
16          # 下边线段
17          screen.draw.line((100, 150), (300, 150), 'black')
18          screen.draw.line((100, 150), (100-diff, 150-diff), 'black')
19          screen.draw.line((100, 150), (100-diff, 150+diff), 'black')
20          screen.draw.line((300, 150), (300+diff, 150-diff), 'black')
21          screen.draw.line((300, 150), (300+diff, 150+diff), 'black')
22
23      pgzrun.go()  # 开始运行
```

13-1-2.py

线段端点的箭头由两根线段组成，实现
效果如图 13-3 所示。

图 13-3

在 13-3 中，两端的箭头向外会让中间的线条看起来变短，而箭头向内会让中间的线条看起
来变长。根据米勒－莱尔的实验，在误差度最大的情况下，人们错误估计的长度可能有该线条真
实长度的四分之一。

02 动态米勒 – 莱尔错觉 ///////////////

首先，利用双重 for 循环语句在窗口中绘制图 13-4 的 5 行 17 列的蓝色和红色直线段，所有直线段的长度相同，具体代码如下。

```
 1  import pgzrun  # 导入游戏库                                   13-2-1.py
 2  import math  # 导入数学库
 3
 4  xStart = 30  # 直线段 x 坐标起点
 5  yStart = 30  # 直线段 y 坐标起点
 6  xStep = 40  # 直线段 x 方向间距
 7  yStep = 100  # 直线段 y 方向间距
 8  WIDTH = 2*xStart + 16*xStep  # 设置窗口的宽度
 9  HEIGHT = 2*yStart + 5*yStep  # 设置窗口的高度
10
11  def draw():  # 绘制函数
12      screen.fill('white')  # 背景为白色
13      for j in range(17):  # 对列遍历
14          x = xStart + j*xStep  # 这一直线段起点 x 坐标
15          for i in range(5):  # 对行遍历
16              if i % 2 == 0:  # 偶数行绘制蓝色线段
17                  color = 'blue'
18              else:  # 奇数行绘制红色线段
19                  color = 'red'
20              y = yStart + i*yStep  # 这一直线段起点 y 坐标
21              # 绘制当前直线段，线段长度为 yStep
22              screen.draw.line((x, y), (x, y+yStep), color)
23
24  pgzrun.go()  # 开始运行
```

图 13-4

然后添加代码，在红色和蓝色线段的端点，绘制一些小箭头，效果如图 13-5 所示。具体代码如下。

```
11    def draw():  # 绘制函数
12        screen.fill('white')  # 背景为白色
13        for j in range(17):  # 对列遍历
14            x = xStart + j*xStep  # 这一直线段起点 x 坐标
15            for i in range(6):  # 对行遍历
16                if i % 2 == 0:  # 偶数行绘制蓝色线段
17                    color = 'blue'
18                else:  # 奇数行绘制红色线段
19                    color = 'red'
20                y = yStart + i*yStep  # 这一直线段起点 y 坐标
21                if i < 5:  # i=5 时不绘制直线段，只绘制小箭头
22                    # 绘制当前直线段，线段长度为 yStep
23                    screen.draw.line((x, y), (x, y+yStep), color)
24
25                x_diff = xStep*0.46  # 小箭头 x 坐标偏离值
26                y_diff = yStep/5  # 小箭头 y 坐标偏离值
27                # 计算坐标并绘制小箭头左边小线段
28                x_left = x - x_diff
29                y_left = y + y_diff
30                screen.draw.line((x, y), (x_left, y_left), 'black')
31                # 计算坐标并绘制小箭头右边小线段
32                x_right = x + x_diff
33                y_right = y + y_diff
34                screen.draw.line((x, y), (x_right, y_right), 'black')
```

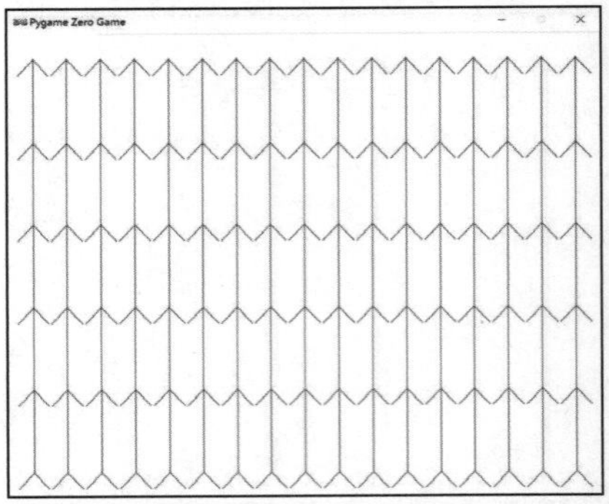

图 13-5

最后，添加计数变量 count，并让其在 update() 函数中逐渐增加。在 draw() 函数中，利用正弦函数让小箭头 y 坐标偏离值 y_diff 随着 count 周期性变化。完整代码如下。

```python
import pgzrun  # 导入游戏库
import math  # 导入数学库

xStart = 30  # 直线段 x 坐标起点
yStart = 30  # 直线段 y 坐标起点
xStep = 40  # 直线段 x 方向间距
yStep = 100  # 直线段 y 方向间距
WIDTH = 2*xStart + 16*xStep  # 设置窗口的宽度
HEIGHT = 2*yStart + 5*yStep  # 设置窗口的高度
count = 0  # 计数器变量

def draw():  # 绘制函数
    screen.fill('white')  # 背景为白色
    for j in range(17):  # 对列遍历
        x = xStart + j*xStep  # 这一直线段起点 x 坐标
        for i in range(6):  # 对行遍历
            if i % 2 == 0:  # 偶数行绘制蓝色线段
                color = 'blue'
            else:  # 奇数行绘制红色线段
                color = 'red'
            y = yStart + i*yStep  # 这一直线段起点 y 坐标
            if i < 5:  # i=5 时不绘制直线段，只绘制小箭头
                # 绘制当前直线段，线段长度为 yStep
                screen.draw.line((x, y), (x, y+yStep), color)

            x_diff = xStep*0.46  # 小箭头 x 坐标偏离值
```

```
27              # 小箭头 y 坐标偏离值，随着 count 周期性变化
28              y_diff = math.sin(count+i*math.pi+j*0.5)*yStep/5
29              # 计算坐标并绘制小箭头左边小线段
30              x_left = x – x_diff
31              y_left = y + y_diff
32              screen.draw.line((x, y), (x_left, y_left), 'black')
33              # 计算坐标并绘制小箭头右边小线段
34              x_right = x + x_diff
35              y_right = y + y_diff
36              screen.draw.line((x, y), (x_right, y_right), 'black')
37
38  def update(): # 更新函数
39      global count # 全局变量
40      count += 0.04 # 计数变量增加
41
42  pgzrun.go()  # 开始运行
```

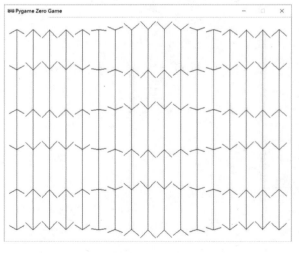

在黑色箭头朝向变化的影响下，红色和蓝色线段的长度仿佛也在不停变化，效果如图 13-6 所示。

图 13-6

编写代码，实验测试米勒－莱尔错觉的强度，如图 13-7 所示。测试人员感知到左右两段线条长度一样时，实际上右边线段为左边线段长度的 1.38 倍。

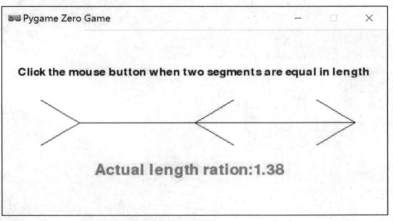

图 13-7

扫码观看
程序效果

你可以让最右边的端点来回移动，按下鼠标按键后停止移动，并显示出右边线段和左边线段长度的比值；你也可以测试不同长度、角度的小箭头，试着分析哪种参数下，对应错觉的强度最高。

141

在本章实现的动态图片中，随着箭头方向周期性的改变，画面中的红色和蓝色线段的长度似乎也在进行周期性的改变，形成类似波浪运动的效果，这就是动态的米勒－莱尔错觉（Müller-Lyer Illusion）。1889 年，德国社会学家米勒－莱尔发现了这一现象，它属于几何视错觉中的长度错觉。

有趣的是，研究者发现在不同生活环境的人对于米勒－莱尔错觉的敏感度有所不同，比如生活在偏远地区的原住民比生活在城市里的人们敏感度更低，原因是城市里的建筑设施等环境存在许多几何线条，他们看到的直线更多，因此对这种长度错觉更敏感。

对于米勒－莱尔错觉的原理还有不同的解释，其中一个与透视相关。经过长期的进化，人类视觉系统的神经网络能够对 3D 景观进行有效解析。比如，素描中有近大远小的原则，我们应该要把远处的东西画得小一些；但是当你一只手放在前面，另一只手伸向远处，不会认为两个手掌不一样大，为什么呢？这是因为我们看到的事物是经过大脑解析的，大脑内部就像有一个 3D 模型，会自动将眼睛形成的图像进行调整。在"视觉实验室（2）"中介绍的"大小恒常错觉"也是同样的道理。

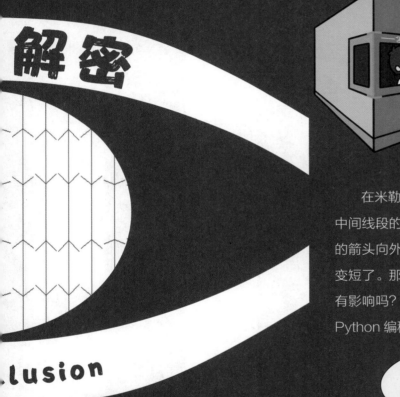

在米勒－莱尔错觉中，当两端的箭头向内时，中间线段的空间扩大，看起来更长一些；当两端的箭头向外时，中间线段的空间被压缩，看起来变短了。那么箭头与线段的夹角大小对错觉现象有影响吗？请你试着修改夹角的大小，并尝试用 Python 编程实现，观察一下。

小可，你怎么穿得这么复古？

你不觉得这个裤脚很像米勒－莱尔错觉中向内的箭头吗？这会显得腿长。

OPTICAL LABORATORY

14　视觉实验室（2）

1 扭头的编程猫

扫码观看视频，你会发现镜头在左右移动，而屏幕里的编程猫竟然一直盯着你看，就像它在不断扭头，如图14-1所示。其实它根本没动，这是为什么呢？

扫码观看视频

图 14-1

实际上，观察实物时就会发现，这只编程猫的脸是往里凹的，可是为什么正面看时感觉它是凸出来的呢？

这是因为凹脸错觉，它是一种光学错觉，是指人们会将凹的人脸面具看成正常的凸脸。另外，当观察者移动时，凹脸看起来会和凸脸呈相反方向运动，如图14-2所示。

图 14-2

为什么正面看凸脸和凹脸，我们都识别为正常的凸脸呢？这是因为人们的感知不仅受自下而上的视觉信号影响，也受自上而下的先验知识的控制。

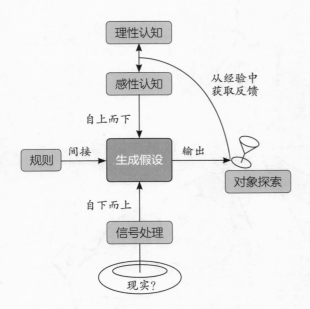

在感知偏见的作用下，人们会根据自己的先验知识来解释物体。由于凸的物体在自然情况下更常见，所以人们偏向于将物体解释为凸的，而不是凹的。另外人们对人脸的感知不同于一般物体。在群体中生活的人类祖先，通过看到人脸辨识群体中的个体、情绪、健康状况等信息的能力越强，其生存的概率越高，因此识别人脸的能力越来越强。即使凹脸和凸脸有些不同，人们仍然会把凹脸识别为正常的凸脸。

了解凹脸错觉的原理后，找出附件中的纸模，跟随制作步骤，亲自动手做一个"扭头的编程猫"吧！注意哦，这个作品的重点是构建一个脸凹、身体凸的模型。

✂ 准备材料

◎ 将"扭头的编程猫"从附赠的纸膜上抠下来。

◎ 一把剪刀（注：请小心使用，年纪小的孩子请父母代劳）。

◎ 一卷透明胶或双面胶。

✂ 制作步骤

1. 沿①剪开至②。

2. 沿③剪开至④。

3. 沿⑤剪开至⑥。

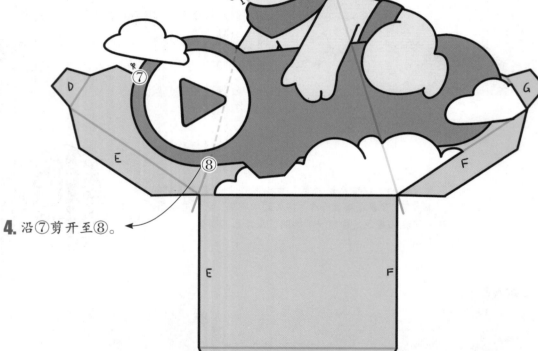

4. 沿⑦剪开至⑧。

 虚线谷折

 实线山折

5. 观察纸膜上的虚线和实线：沿着虚线谷折，即向里折叠，像凹进去的山谷；
沿着实线山折，即向外折叠，像凸起来的山峰。

折线

眼睛 鼻子 嘴

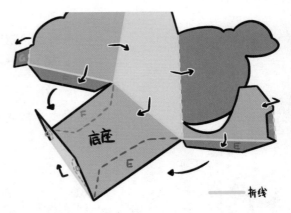

底座

F

E

G

折线

7. 制作底座：将折页标D、E、F、
G的地方与对应的相同字母粘到
一起。

完成！

6. 制作猫头：将折页标A、B、C的
地方与对应的相同字母粘到一起，
确保折页标在画面的背面。注意：
从正面看，猫头是凹进去的，因此
从背面看是凸出来的。

2 3D 全息投影

你知道 3D 全息投影是什么吗？"全息"来自希腊语 holo，指"完全的信息"，即包含光波中的振幅和相位信息。全息投影是利用干涉原理记录并再现物体真实的三维图像的技术。目前许多舞台表演都应用了全息投影技术，比如春晚。看起来很厉害吧？其实它离我们并不遥远，利用简单的材料，你也能制作一个全息投影仪。

✂ 准备材料

◎ 在附赠材料中找出一张透明塑料片
◎ 铅笔
◎ 尺子
◎ 剪刀
◎ 透明胶

跟随以下步骤，开始制作吧！

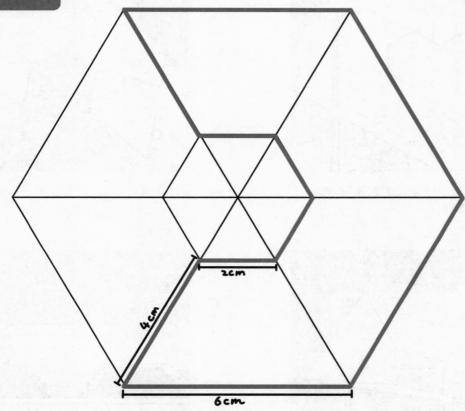

2cm

4cm

6cm

投影仪模版

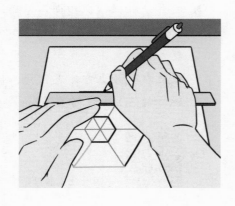

1. 将透明塑料片覆盖在"投影仪模板"上，
用铅笔沿着红边描线。

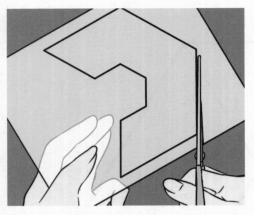

2. 描好线后，用剪刀沿线剪下塑料片。

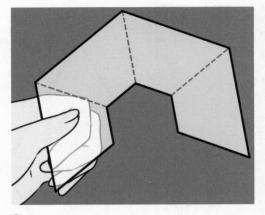

3. 剪完之后，按照图示，沿虚线向里折叠（谷折）。

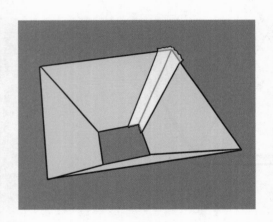

4. 折好后，将两边连接起来，用透明胶粘贴，最后的形状像一个漏斗，这就是一个简易投影仪了。

注意：
在制作过程中，请注意塑料片的边缘或尖角，切勿伤手。

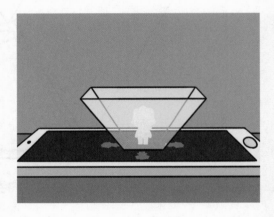

5. 打开手机微信，扫描二维码，横向全屏播放我们准备好的 3D 视频素材。将手机平放在桌面，再将投影仪放在视频上方。怎么样，你看到跳舞的 3D 编程猫了吗？

扫码播放全息投影视频

③ 服装设计师

你知道吗？视错觉用在服装设计上常常有非常巧妙的效果。请在附赠的贴纸中找出四套衣服给小可穿上，然后观察和分析图片：究竟米勒 – 莱尔错觉产生了什么效果？哪种设计更显胖，哪种更显高挑？

图 14-3

图 14-4

 在附件中找出这四套衣服的贴纸，给小可换装吧！

根据提示，在正确的条纹或方格中为阿短和小可的衣服涂上黑色。涂完以后仔细观察，他们的衣服出现了什么效果？

✂ 准备材料

◎ 黑色画笔

给条纹涂上黑色，注意黑白相间哦！

图 14-5

给方格涂上黑色，注意黑白相间哦！

图 14-6

155

15 旋转花

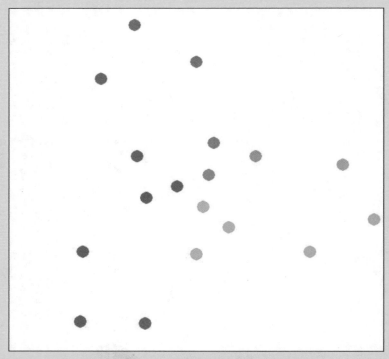

图 15-1

　　扫码看视频，画面中有一朵含有三瓣花瓣的花朵在顺时针旋转，然而当你分别观察组成花瓣的各个小球时，你会发现每个小球只是在做直线运动，如图 15-1 所示。

　　是不是很神奇呢？现在打开海龟编辑器，让我们用 Python 来实现这个好玩的错觉效果吧！

扫码观看
程序效果

花瓣小球的直线运动轨迹

扫码看视频

首先，在画面中绘制图 15-2 的一大一小两个灰色空心同心圆，组成花瓣的所有小球都在这两个圆圈之间运动，具体代码如下。

```
1   import pgzrun  # 导入游戏库                              15-1-1.py
2   WIDTH = 600  # 设置窗口的宽度
3   HEIGHT = 600  # 设置窗口的高度
4   centerX = WIDTH//2  # 窗口中心坐标
5   centerY = HEIGHT//2
6   rMin = 30  # 内部小圆圈半径
7   rMax = WIDTH//2 – 10  # 外部大圆圈半径
8
9   def draw():  # 绘制函数
10      screen.fill('white')  # 背景为白色
11      # 绘制花瓣小球的运动范围，在两个灰色圆圈之间
12      screen.draw.circle((centerX, centerY), rMin, 'gray')
13      screen.draw.circle((centerX, centerY), rMax, 'gray')
14
15  pgzrun.go()  # 开始运行
```

图 15-2

然后假设花瓣由 Num = 18 个小球组成，将圆周角度 2π 均分为 Num 份，存储在 angles 列表中。

在 draw() 函数中，循环绘制出 Num 条延长线在灰色圆圈圆心之间的线段，这 Num 条红色线段，就是组成花瓣的小球各自的运动轨迹，效果如图 15-3 所示。具体代码如下。

```python
1   import pgzrun  # 导入游戏库
2   import math  # 导入数学库
3   WIDTH = 600  # 设置窗口的宽度
4   HEIGHT = 600  # 设置窗口的高度
5   centerX = WIDTH//2  # 窗口中心坐标
6   centerY = HEIGHT//2
7   rMin = 30  # 内部小圆圈半径
8   rMax = WIDTH//2 - 10  # 外部大圆圈半径
9   Num = 18  # 花瓣小球的个数
10  angles = []  # 花瓣小球对应的角度
11
12  for i in range(Num):
13      angles.append(i*2*math.pi/Num) # 花瓣小球对应角度
14
15  def draw():  # 绘制函数
16      screen.fill('white')  # 背景为白色
17      # 绘制花瓣小球的运动范围，在两个灰色圆圈之间
18      screen.draw.circle((centerX, centerY), rMin, 'gray')
19      screen.draw.circle((centerX, centerY), rMax, 'gray')
20      for i in range(Num): # 绘制花瓣小球的直线运动轨迹
21          x1 = centerX + rMin*math.sin(angles[i])
22          y1 = centerY + rMin*math.cos(angles[i])
23          x2 = centerX + rMax*math.sin(angles[i])
24          y2 = centerY + rMax*math.cos(angles[i])
25          screen.draw.line((x1, y1), (x2, y2), 'red')
26
27  pgzrun.go()  # 开始运行
```

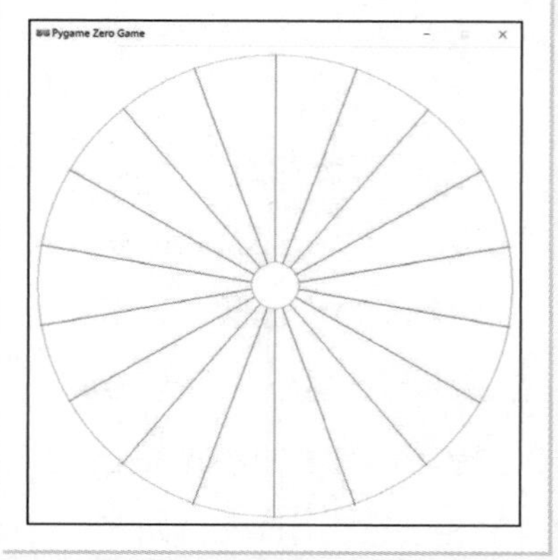

图 15-3

02 绘制均匀分布的花瓣小球

定义列表 r = [] 记录所有花瓣小球到窗口中心的距离，以下代码可以得到均匀分布的 Num 个小球到中心的距离。

```
11    r = []  # 花瓣小球到窗口中心的距离
12
13    for i in range(Num):
14        angles.append(i*2*math.pi/Num)  # 花瓣小球对应的角度
15        sample = (i/Num)*3*2*math.pi  # 在 6*PI 角度上均匀采样
16        ration = (1+math.sin(sample))/2  # 将正弦函数范围映射为[0,1]
17        r.append(rMin*ration+rMax*(1-ration))  # 映射为[rMin,rMax]
```
15-2.py（部分代码）

由于正弦函数的周期性，每间隔 2π 图形就会重复一次。为了让 Num 个小球均匀分布在三个花瓣上，可以利用 3*2π 范围的正弦函数。

在 for 循环语句中，i 从 0 遍历到 Num-1，sample = (i/Num)*3*2*math.pi 对角度范围 [0,6*PI] 进行均匀采样。

ration = (1+math.sin(sample))/2 将取值范围从 [-1,1] 映射为 [0,1]，(rMin*ration+rMax*(1-ration)) 再将取值范围映射为 [rMin,rMax]，最终得到每个花瓣小球到窗口中心的距离。

在 draw() 函数中，利用列表 r 绘制出所有的花瓣小球，代码如下。

```
30    for i in range(Num):  # 绘制对应的花瓣小球
31        x = centerX + r[i]*math.sin(angles[i])
32        y = centerY + r[i]*math.cos(angles[i])
33        screen.draw.filled_circle((x, y), 10, 'green')
```
15-2.py（部分代码）

实现效果如图 15-4 所示。所有的小球均匀分布在三个花瓣上，完整代码可参考 15-2.py。

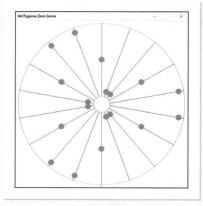

图 15-4

03 运动的花瓣小球

首先定义计数变量 count 并初始化为 0，添加 update() 函数，代码如下。

```
36    def update():  # 更新函数
37        global count  # 全局变量
38        count += 0.05  # 计数变量增加
39        for i in range(Num):
40            sample = (i/Num)*3*2*math.pi  # 在 6*PI 角度上均匀采样
41            sample += count  # 整体偏移 count
42            ration = (1+math.sin(sample))/2 # 将正弦函数范围映射为 [0,1]
43            r[i] = rMin*ration+rMax*(1-ration) # 映射为 [rMin,rMax]
```

15-3.py
（部分代码）

count += 0.05 表示逐渐增加变量 count 的值，sample += count 表示整体偏移采样角度。随着 sample 不断增加，sin(sample) 周期性变化，ration 在 [0,1] 之间重复变大变小，花瓣小球到画面中心的距离 r[i] 也会在 [rMin,rMax] 之间周期变化。

扫码观看
程序效果

　　然后修改不同小球的绘制颜色，添加单击鼠标切换显示辅助线的功能，实现效果可以参考视频，效果如图 15-5 所示。完整代码如下。

```
1    import pgzrun  # 导入游戏库
2    import math  # 导入数学库
3    WIDTH = 600  # 设置窗口的宽度
4    HEIGHT = 600  # 设置窗口的高度
5    centerX = WIDTH//2  # 窗口中心坐标
6    centerY = HEIGHT//2
7    rMin = 30  # 内部小圆圈半径
8    rMax = WIDTH//2 – 10  # 外部大圆圈半径
9    Num = 18  # 花瓣小球的个数
10   angles = []  # 花瓣小球对应的角度
11   r = [0]*Num  # 花瓣小球到画面中心的距离
12   count = 0  # 计数变量
13   showLines = False  # 是否显示运动轨迹线
14
15   for i in range(Num):
16       angles.append(i*2*math.pi/Num)  # 花瓣小球对应的角度
17
18   def draw():  # 绘制函数
19       screen.fill('white')  # 背景为白色
20
21       for i in range(Num):  # 循环遍历
22           if showLines:
23               # 绘制花瓣小球的运动轨迹直线
24               x1 = centerX + rMin*math.sin(angles[i])
```

15-3.py

163

```
25          y1 = centerY + rMin*math.cos(angles[i])
26          x2 = centerX + rMax*math.sin(angles[i])
27          y2 = centerY + rMax*math.cos(angles[i])
28          screen.draw.line((x1, y1), (x2, y2), 'gray')
29
30          # 绘制对应的花瓣小球
31          x = centerX + r[i]*math.sin(angles[i])
32          y = centerY + r[i]*math.cos(angles[i])
33          light = int(i/Num*255)  # 花瓣小球的颜色
34          screen.draw.filled_circle((x, y), 10, \
35              (light, 255-light, 255))
36
37  def update():  # 更新函数
38      global count  # 全局变量
39      count += 0.05  # 计数变量增加
40      for i in range(Num):
41          sample = (i/Num)*3*2*math.pi  # 在 6*PI 角度上均匀采样
42          sample += count  # 整体偏移 count
43          ration = (1+math.sin(sample))/2  # 将正弦函数范围映射为 [0,1]
44          r[i] = rMin*ration+rMax*(1-ration)  # 映射为 [rMin,rMax]
45
46  def on_mouse_down():  # 按下鼠标按键时
47      global showLines  # 全局变量
48      showLines = not showLines  # 切换是否显示辅助线
49
50  pgzrun.go()  # 开始运行
```

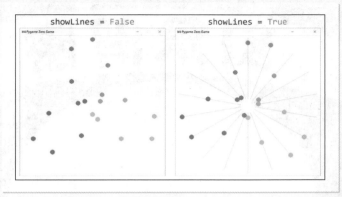

图 15-5

编写代码，实现图 15-6 的运动错觉。图中 8 个蓝色小球组成的圆圈似乎在粉色圆圈内滚动，实际上，每一个蓝色圆圈只是在做直线运动。

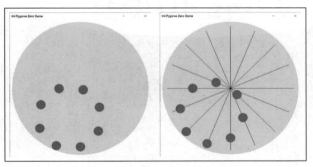

扫码观看
程序效果

图 15-6

参考本章的实现思路，先绘制每个蓝色圆圈的直线运动轨迹，再让它们分布成一个大的圆球形状，最后让它们运动起来吧！

165

幻象解密

Decoding Illusion

    在本章实现的旋转花动图中，每个小球都在做局部的直线运动，但是由所有小球组成的花朵看上去却在做旋转运动，这就是"旋转花错觉"（Rotating Flower Illusion）。

    国外有一位网红视频博主叫 Brusspup，他专门制作视错觉、科技和魔术等主题相关的视频，在 2014 年发布了一个名为"疯狂圆圈错觉"（Crazy Circle Illusion）的视频，引来 600 多万人围观。与本章"动动手"板块的图片一样，疯狂圆圈错觉是 8 个白色小圆圈在一个红色大圆圈内做直线运动，但是看上去 8 个小圆圈组成的圆圈在大圆里旋转，如图 15-7 所示。这种现象也叫旋转圆圈错觉（Rolling Circle Optical Illusion），与旋转花错觉实际上异曲同工。

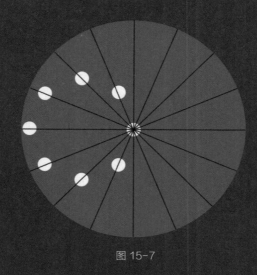

图 15-7

不过旋转圆圈错觉的原创者是美国大学的阿瑟·夏皮罗（Arthur Shapiro）和亚历克斯·罗斯－赫尼格（Alex Rose-Henig）。2014 年，这一作品被科普杂志《科学美国人》誉为年度最佳视错觉之一。

也许你会提出质疑：这纯粹是几何图形的规律运动，能算作视错觉吗？实际上这既是几何图形的规律运动，也是视错觉现象，关键在于视角的转换——如果你看的是小圆圈组成的整体图形，那么它在旋转；如果你换个角度观察小圆圈个体，那么它们在做直线运动。

16　上下移动的方块

图 16-1

　　在图 16-1 中使用 Python 绘制了三列彩色的方块，神奇的是，两边的方块似乎在向上运动，而中间的方块似乎在向下运动！

　　下面我们打开海龟编辑器，一起用 Python 来编程实现吧！

绘制渐变颜色的方块

首先，在窗口中绘制左上角颜色渐变的蓝色方块，具体代码如下。

```
16-1-1.py
1   import pgzrun  # 导入游戏库
2   WIDTH = 350  # 设置窗口的宽度
3   HEIGHT = 480  # 设置窗口的高度
4
5   def draw():  # 绘制函数
6       screen.fill('white')  # 背景为白色
7
8       yStart = 10 # y 起始坐标
9       yEnd = 110 # y 终止坐标
10      for y in range(yStart, yEnd):  # y 坐标循环遍历
11          c = 255*(y-yStart)/(yEnd-yStart) # 将 y 坐标映射为 [0,255]
12          # 绘制从白色 (255,255,255) 到蓝色 (0,0,255) 渐变的线条
13          screen.draw.line((50, y), (100, y), (255-c, 255-c, 255))
14
15  pgzrun.go()  # 开始运行
```

图 16-2

设定 yStart 为方块区域的起始纵坐标，yEnd 为终止纵坐标。在 for 循环语句中，变量 y 从 yStart 逐渐增加到 yEnd，c 的值逐渐从 0 增加到 255，依次绘制从白色 (255,255,255) 到蓝色 (0,0,255) 渐变的线条，可以得到的效果如图 16-2 所示。

然后使用同样的方法继续绘制从黑色 (0,0,0) 渐变为黄色 (255,255,0) 的方块，效果如图 16-3 所示。具体代码如下。

```python
import pgzrun  # 导入游戏库
WIDTH = 350  # 设置窗口的宽度
HEIGHT = 480  # 设置窗口的高度

def draw():  # 绘制函数
    screen.fill('white')  # 背景白色

    yStart = 10  # y 起始坐标
    yEnd = 110  # y 终止坐标
    for y in range(yStart, yEnd):  # y 坐标循环遍历
        c = 255*(y-yStart)/(yEnd-yStart)  # 将 y 坐标映射为 [0,255]
        # 绘制从白色 (255,255,255) 到蓝色 (0,0,255) 渐变的线条
        screen.draw.line((50, y), (100, y), (255-c, 255-c, 255))

    yStart = 110  # y 起始坐标
    yEnd = 160  # y 终止坐标
    for y in range(yStart, yEnd):  # y 坐标循环遍历
        # 将 y 坐标映射为 [0,255]
        c = 255*(y-yStart)/(yEnd-yStart)
        # 绘制从黑色 (0,0,0) 到黄色 (255,255,0) 渐变的线条
        screen.draw.line((50, y), (100, y), (c, c, 0))

pgzrun.go()  # 开始运行
```

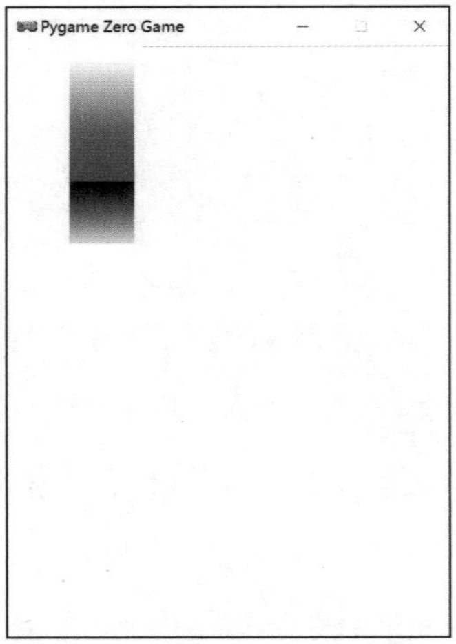

图 16-3

02 绘制左右两列方块

参考图 16-1 中的目标效果，由于左边一列要依次绘制三组蓝色和黄色方块，如图 16-4 所示。首先可以将绘制蓝色和黄色方块的功能封装为两个函数，然后分别调用 3 次，具体代码如下。

```python
1   import pgzrun  # 导入游戏库
2   WIDTH = 350  # 设置窗口的宽度
3   HEIGHT = 480  # 设置窗口的高度
4
5   # 绘制渐变颜色的蓝色方块
6   # 输入方块 x 和 y 方向的起始和终止坐标
7   def drawBlueBlock(xStart, xEnd, yStart, yEnd):
8       for y in range(yStart, yEnd):  # y 坐标循环遍历
9           c = 255*(y-yStart)/(yEnd-yStart)  # 将 y 坐标映射为 [0,255]
10          # 绘制从白色 (255,255,255) 到蓝色 (0,0,255) 渐变的线条
11          screen.draw.line((xStart,y),(xEnd,y),(255-c,255-c,255))
12
13  # 绘制渐变颜色的黄色方块
14  # 输入方块 x 和 y 方向的起始和终止坐标
15  def drawYellowBlock(xStart, xEnd, yStart, yEnd):
16      for y in range(yStart, yEnd):  # y 坐标循环遍历
17          c = 255*(y-yStart)/(yEnd-yStart)  # 将 y 坐标映射为 [0,255]
18          # 绘制从黑色 (0,0,0) 到黄色 (255,255,0) 渐变的线条
19          screen.draw.line((xStart, y), (xEnd, y), (c, c, 0))
20
21  def draw():  # 绘制函数
22      screen.fill('white')  # 背景为白色
23      # 绘制左边的三组蓝色和黄色渐变方块
```

16-2-1.py

173

```
24    drawBlueBlock(50, 100, 10, 110)
25    drawYellowBlock(50, 100, 110, 160)
26    drawBlueBlock(50, 100, 160, 260)
27    drawYellowBlock(50, 100, 260, 310)
28    drawBlueBlock(50, 100, 310, 410)
29    drawYellowBlock(50, 100, 410, 460)
30
31    pgzrun.go()  # 开始运行
```

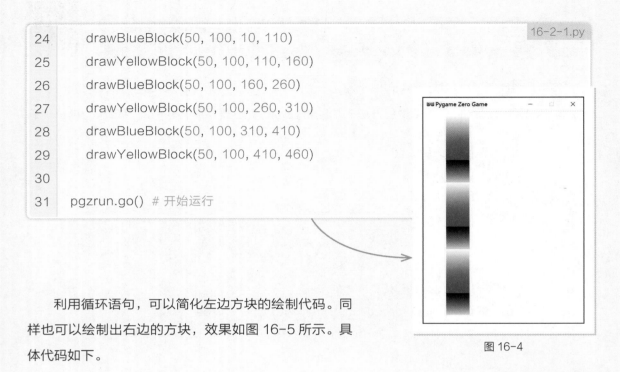

图 16-4

利用循环语句，可以简化左边方块的绘制代码。同样也可以绘制出右边的方块，效果如图 16-5 所示。具体代码如下。

```
1     import pgzrun  # 导入游戏库
2     WIDTH = 350  # 设置窗口的宽度
3     HEIGHT = 480  # 设置窗口的高度
4
5     # 绘制渐变颜色的蓝色方块
6     # 输入方块 x 和 y 方向的起始和终止坐标
7     def drawBlueBlock(xStart, xEnd, yStart, yEnd):
8         for y in range(yStart, yEnd):  # y 坐标循环遍历
9             c = 255*(y-yStart)/(yEnd-yStart)  # 将 y 坐标映射为 [0,255]
10            # 绘制从白色 (255,255,255) 到蓝色 (0,0,255) 渐变的线条
11            screen.draw.line((xStart,y),(xEnd,y),(255-c,255-c,255))
12
13    # 绘制渐变颜色的黄色方块
```

```
14    # 输入方块 x 和 y 方向的起始和终止坐标
15    def drawYellowBlock(xStart, xEnd, yStart, yEnd):
16        for y in range(yStart, yEnd):  # y 坐标循环遍历
17            c = 255*(y-yStart)/(yEnd-yStart)  # 将 y 坐标映射为 [0,255]
18            # 绘制从黑色 (0,0,0) 到黄色 (255,255,0) 渐变的线条
19            screen.draw.line((xStart, y), (xEnd, y), (c, c, 0))
20
21    def draw():  # 绘制函数
22        screen.fill('white')  # 背景为白色
23        # 绘制左边的三组蓝色和黄色渐变方块
24        for y in range(10, 450, 150):
25            drawBlueBlock(50, 100, y, y+100)
26            drawYellowBlock(50, 100, y+100, y+150)
27
28        # 绘制右边的三组蓝色和黄色渐变方块
29        for y in range(10, 450, 150):
30            drawBlueBlock(250, 300, y, y+100)
31            drawYellowBlock(250, 300, y+100, y+150)
32
33    pgzrun.go()  # 开始运行
```

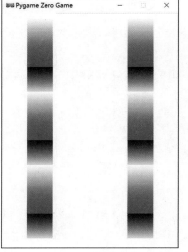

图 16-5

中间一列方块渐变颜色的方向和两边的相反，首先为函数 drawBlueBlock() 添加参数 order，当 order 为 1 时 color 从 0 逐渐增加到 255，否则 color 从 255 逐渐减少到 0，代码如下。

```
5    # 绘制渐变颜色的蓝色方块
6    # 输入方块 x 和 y 方向的起始和终止坐标，颜色渐变的方向
7    def drawBlueBlock(xStart, xEnd, yStart, yEnd, order):
8      for y in range(yStart, yEnd):  # y 坐标循环遍历
9        if order == 1:  # 将 y 坐标映射为 0 到 255
10         c = 255*(y-yStart)/(yEnd-yStart)
11       else:  # 将 y 坐标映射为 255 到 0
12         c = 255-255*(y-yStart)/(yEnd-yStart)
13       # 绘制颜色渐变的线条
14       screen.draw.line((xStart,y),(xEnd,y),(255-c,255-c,255))
```

16-3.py
（部分代码）

然后对 drawYellowBlock() 函数也做相同的修改，在 draw() 函数中的循环语句分别调用函数绘制，最终效果如图 16-6 所示。完整代码如下。

```
1    import pgzrun  # 导入游戏库
2    WIDTH = 350  # 设置窗口的宽度
3    HEIGHT = 480  # 设置窗口的高度
4
5    # 绘制渐变颜色的蓝色方块
6    # 输入方块 x 和 y 方向的起始和终止坐标，颜色渐变的方向
7    def drawBlueBlock(xStart, xEnd, yStart, yEnd, order):
8      for y in range(yStart, yEnd):  # y 坐标循环遍历
9        if order == 1:  # 将 y 坐标映射为 0 到 255
```

16-3.py

```
10          c = 255*(y-yStart)/(yEnd-yStart)
11      else: # 将 y 坐标映射为 255 到 0
12          c = 255-255*(y-yStart)/(yEnd-yStart)
13      # 绘制颜色渐变的线条
14      screen.draw.line((xStart,y),(xEnd,y),(255-c,255-c,255))
15

16  # 绘制渐变颜色的黄色方块
17  # 输入方块 x 和 y 方向的起始和终止坐标，颜色渐变的方向
18  def drawYellowBlock(xStart, xEnd, yStart, yEnd, order):
19      for y in range(yStart, yEnd): # y 坐标循环遍历
20          if order == 1: # 将 y 坐标映射为 0 到 255
21              c = 255*(y-yStart)/(yEnd-yStart)
22          else: # 将 y 坐标映射为 255 到 0
23              c = 255-255*(y-yStart)/(yEnd-yStart)
24          # 绘制颜色渐变的线条
25          screen.draw.line((xStart, y), (xEnd, y), (c, c, 0))
26

27  def draw(): # 绘制函数
28      screen.fill('white')  # 背景为白色
29      # 绘制左边的三组蓝色和黄色渐变方块
30      for y in range(10, 450, 150):
31          drawBlueBlock(50, 100, y, y+100,1)
32          drawYellowBlock(50, 100, y+100, y+150, 1)
33

34      # 绘制中间的三组黄色和蓝色渐变方块
35      for y in range(20, 460, 150):
36          drawYellowBlock(150, 200, y, y+50, 0)
37          drawBlueBlock(150, 200, y+50, y+150, 0)
```

```
38
                                                                      16-3.py
39        # 绘制右边的三组蓝色和黄色渐变方块
40        for y in range(10, 450, 150):
41            drawBlueBlock(250, 300, y, y+100, 1)
42            drawYellowBlock(250, 300, y+100, y+150, 1)
43
44    pgzrun.go()  # 开始运行
```

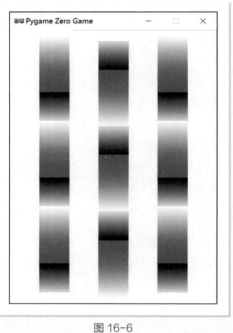

图 16-6

利用函数封装，可以有效降低程序的开发难度。你也可以思考一下，16-3.py 能否进一步
改进？

编程实现图 16-7 中左右移动的错觉效果，图中上下两行图案好像在向左移动，中间一行图案好像在向右移动。

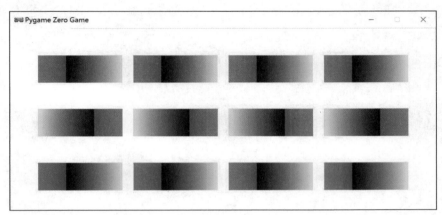

图 16-7

参考本章的实现思路，充分利用函数封装，简化错觉图片的绘制代码。

本章实现的移动方块错觉也是周边漂移错觉的一种，每列方块均由蓝、黑、黄、白四种基本色组成，加上渐变效果。由于人脑处理高对比度颜色的时间要比处理低对比度颜色的时间短很多，这个时间差会导致相对运动的效果，从而产生了图片中方块上下移动的错觉。周边漂移错觉可用来解释许多不同的视错觉图片，在本书中也多次出现，是十分常见的现象。

本章图片的灵感源自"移动的海蛇错觉"，后者由几条海蛇的图案组成，它们的身体都由紫、黄、黑的渐变色组成，头部朝向不同的方向，看起来就像在往不同的方向蠕动。

其实不仅人类会出现视错觉，自然界的其他动物也会利用它，比如很多动物通过拟态来制造视错觉，从而躲避自己的天敌。有一种海蛇总是将自己的尾巴伪装成头，假装自己是双头蛇，看起来两头都能随时吐出毒液，吓退不少捕猎者。

丹麦皇家艺术学院的研究员阿尔内·拉斯穆森（Arne Rasmussen）在印度尼西亚沿海发现了一种海蛇，它身上有黑色的圆环，是金环蛇的一个品种。一开始拉斯穆森注意到它的头面向他，尾巴在探测珊瑚中的食物。

过了一会儿，它的尾巴从珊瑚中抬起来，拉斯穆森才意识到他刚才看到的蛇头其实是伪装成蛇头的蛇尾。蛇尾的花纹与蛇头一样，且会像头部一样勾起来，达到以假乱真的程度。它的背后虽然不长眼睛，却把尾巴伪装成头，这让不少想吃它的鱼迟疑不前。

假如它将自己身上的花纹进化成四种对比度不同的颜色，然后几条海蛇放在一起，你觉得天敌会不会看错它们移动的方向？

虽然一时半会儿没法进行海蛇的科学实验，不过能否退而求其次，试着用 Python 实现移动的海蛇错觉呢？在程序设计时用好函数可以降低代码的复杂度，提高代码的可靠性，避免程序开发的重复劳动。你也可以尝试改进目前的代码，尝试用一个函数实现绘制蓝色、黄色渐变方块的功能。

窗前明月光，疑是地上霜。这么说视错觉就是先入为主罢了。

没错，"看见"是要眼睛和大脑共同完成的。

17 融化的方块

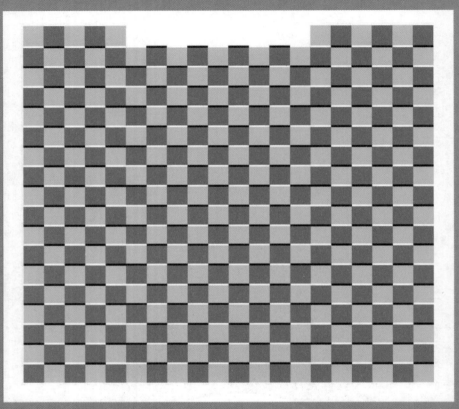

图 17-1

  图 17-1 中绘制了一些黄色和青色的方块，中间列的方块仿佛融化了，正在慢慢向下移动。
下面我们打开海龟编辑器，一起用 Python 编程实现吧！

01 绘制黄色和青色方块

首先，在窗口中绘制一行黄色方块和青色方块交替出现的图案，具体代码如下。

```python
1   import pgzrun  # 导入游戏库
2   length = 30  # 小正方形的边长
3   rowNum= 18  # 一共多少行
4   colNum = 20  # 一共多少列
5   WIDTH = length*(colNum+2)  # 设置窗口的宽度
6   HEIGHT = length*(rowNum+2)  # 设置窗口的高度
7
8   def draw():  # 绘制函数
9       screen.fill('white')  # 背景为白色
10      for i in range(1, colNum+1):  # 对列遍历
11          if i % 2 == 1:
12              color = (220, 220, 0)  # 设置为黄色
13          else:
14              color = (0, 100, 255)  # 设置为青色
15          # 当前方块的左上角 x、y 坐标，方块的宽、高
16          box = Rect((i*length, length), (length, length))
17          # 以 color 颜色绘制方块
18          screen.draw.filled_rect(box, color)
19
20  pgzrun.go()  # 开始运行
```

17-1-1.py

图 17-2

在 for 循环语句中，i 从 1 增加到 colNum，如果 i 是奇数则绘制黄色方块，如果 i 是偶数则绘制青色方块，效果如图 17-2 所示。

然后添加代码，j 对行遍历，i 对列遍历，如果 i+j 是偶数为黄色、i+j 是奇数为青色，那么可以绘制出 18 行 20 列黄色和青色交替出现的方块，效果如图 17-3 所示，具体代码如下。

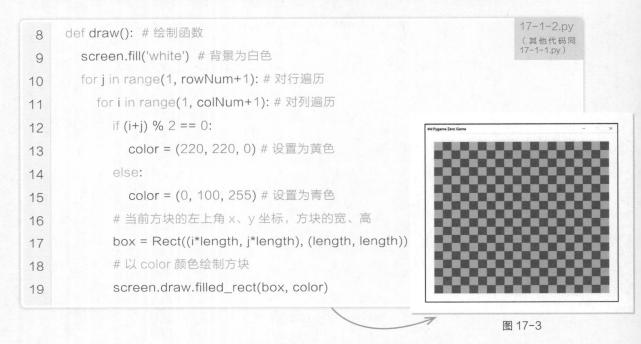

```
8    def draw():  # 绘制函数
9        screen.fill('white')  # 背景为白色
10       for j in range(1, rowNum+1):  # 对行遍历
11           for i in range(1, colNum+1):  # 对列遍历
12               if (i+j) % 2 == 0:
13                   color = (220, 220, 0)  # 设置为黄色
14               else:
15                   color = (0, 100, 255)  # 设置为青色
16               # 当前方块的左上角 x、y 坐标，方块的宽、高
17               box = Rect((i*length, j*length), (length, length))
18               # 以 color 颜色绘制方块
19               screen.draw.filled_rect(box, color)
```

17-1-2.py
（其他代码同 17-1-1.py）

图 17-3

添加代码，将第一行中间 9 列方块绘制为白色，效果如图 17-4 所示。具体代码如下。

```
1    import pgzrun  # 导入游戏库
2    length = 30  # 小正方形的边长
3    rowNum = 18  # 一共多少行
4    colNum = 20  # 一共多少列
5    WIDTH = length*(colNum+2)  # 设置窗口的宽度
6    HEIGHT = length*(rowNum+2)  # 设置窗口的高度
7
8    def draw():  # 绘制函数
9        screen.fill('white')  # 背景为白色
10
```

17-1-3.py

```
11      # 绘制黄色、青色交替的方块
12      for j in range(1, rowNum+1):  # 对行遍历
13        for i in range(1, colNum+1):  # 对列遍历
14          if (i+j) % 2 == 0:
15            color = (220, 220, 0)  # 设置为黄色
16          else:
17            color = (0, 100, 255)  # 设置为青色
18          # 当前方块的左上角 x、y 坐标，方块的宽、高
19          box = Rect((i*length, j*length), (length, length))
20          # 以 color 颜色绘制方块
21          screen.draw.filled_rect(box, color)
22
23      # 将第一行的中间 9 列绘制为白色方块
24      for i in range(6, colNum-5):
25        box = Rect((i*length, length), (length, length))
26        screen.draw.filled_rect(box, 'white')
27
28      pgzrun.go()  # 开始运行
```

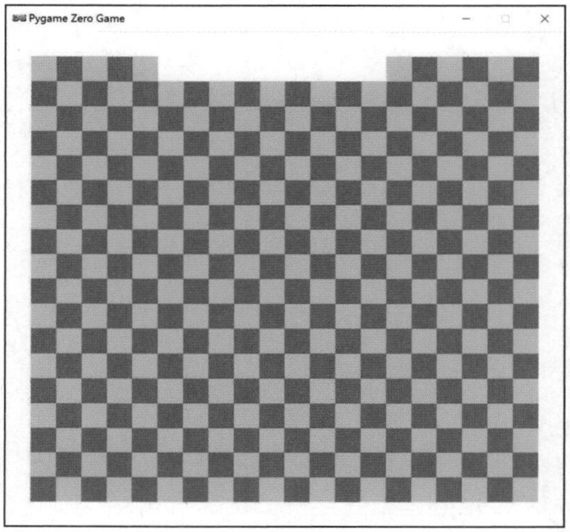

图 17-4

02 绘制黑白长条

为了实现方块运动的错觉，在画面中添加一些高度为 3、交替出现的黑白颜色的长条，具体代码如下。

```
23    # 绘制黑色、白色长条
24    for j in range(3, rowNum+2):  # 对行遍历
25        for i in range(1, colNum+1):  # 对列遍历
26            if (i+j) % 2 == 0:
27                color = 'black'  # 设置为黑色
28            else:
29                color = 'white'  # 设置为白色
30            # 当前长条的左上角 x、y 坐标，长条的宽、高（为 3）
31            box = Rect((i*length, (j-1)*length), (length, 3))
32            # 以 color 颜色绘制长条
33            screen.draw.filled_rect(box, color)
```

17-2-1.py
（其他代码同
17-1-3.py）

黑色和白色长条正好在黄色、青色方块的上下交会处，绘制效果如图 17-5 所示。

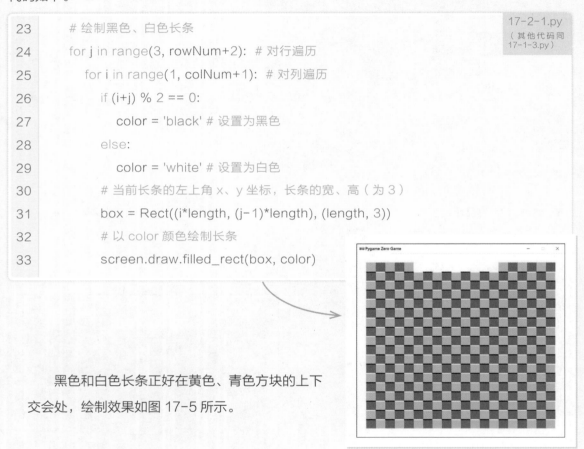

图 17-5

最后，我们让中间 9 列黑白长条交替出现的顺序，和左右两边的正好相反。利用布尔变量 isWhite 控制长条绘制为白色还是黑色，最终效果如图 17-6 所示。完整实现代码如下。

```
1    import pgzrun  # 导入游戏库
2    length = 30  # 小正方形的边长
3    rowNum= 18  # 一共多少行
4    colNum = 20  # 一共多少列
5    WIDTH = length*(colNum+2)  # 设置窗口的宽度
6    HEIGHT = length*(rowNum+2)  # 设置窗口的高度
7
8    def draw():  # 绘制函数
9        screen.fill('white')  # 背景为白色
10
11       # 绘制黄色、青色交替的方块
12       for j in range(1, rowNum+1): # 对行遍历
13         for i in range(1, colNum+1): # 对列遍历
14             if (i+j) % 2 == 0:
15                 color = (220, 220, 0) # 设置为黄色
16             else:
17                 color = (0, 100, 255) # 设置为青色
18             # 当前方块的左上角 x、y 坐标，方块的宽、高
19             box = Rect((i*length, j*length), (length, length))
20             # 以 color 颜色绘制方块
21             screen.draw.filled_rect(box, color)
22
23       isWhite = True # 布尔变量，设定颜色是否为白色
24       # 绘制黑色、白色长条
25       for j in range(3, rowNum+2): # 对行遍历
26         for i in range(1, colNum+1): # 对列遍历
27             if (i+j) % 2 == 0:
28                 isWhite = True  # 是白色
```

189

```
29        else:
30            isWhite = False  # 不是白色
31
32        if 6 <= i < colNum-5:  # 中间 9 列黑白长条颜色取反
33            isWhite = not isWhite
34
35        if isWhite:
36            color = 'white'  # 设置为白色
37        else:
38            color = 'black'  # 设置为黑色
39
40        # 当前长条的左上角 x、y 坐标，长条的宽、高（为 3）
41        box = Rect((i*length, (j-1)*length), (length, 3))
42        # 以 color 颜色绘制长条
43        screen.draw.filled_rect(box, color)
44
45    # 将第一行的中间 9 列绘制为白色方块
46    for i in range(6, colNum-5):
47        box = Rect((i*length, length), (length, length))
48        screen.draw.filled_rect(box, 'white')
49
50  pgzrun.go()  # 开始运行
```

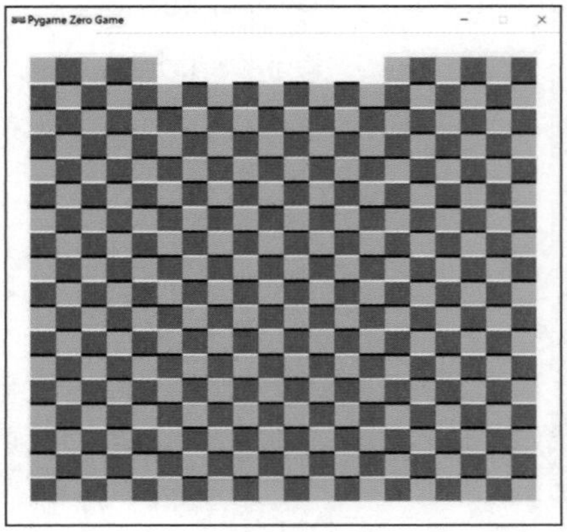

图 17-6

编程实现图 17-7 中的错觉效果，在白色和红色圆圈的影响下，绘制的方块仿佛在滚动变形。

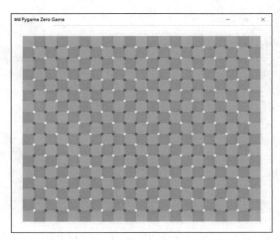

图 17-7

假设行号为 j、列号为 i，当 (i-j) % 3 等于 0 时绘制白色圆圈，不等于 0 时绘制红色圆圈，即可以得到图片中的效果。

利用黑白线条交替出现顺序的差异，我们实现了融化的方块错觉。和第 12 章"转动的风扇"类似，本章实现的图片也属于周边漂移错觉，由日本视觉科学家北冈明佳创作。像这样按照一定的规律排列线条、形状和色彩引起视错觉的画面称为欧普艺术（Optical Art，通常缩写为 Op Art）。

早在欧普艺术盛行之前就诞生了一位视错觉鼻祖，即生于 19 世纪末的荷兰版画家埃舍尔（Escher）。他的作品充满对称、几何和多面体等数学性，成为启发后人创作的经典，是电影《哈利波特》《盗梦空间》及游戏《纪念碑谷》等作品的灵感来源。

直到 20 世纪 60 年代，西欧的科学技术获得长足的发展，由此也推动了新艺术流派——欧普艺术在欧美和日本的盛行。1964 年，纽约现代艺术博物馆举办了一场名为"眼睛的反应"的艺术展，展示了现实中不可能存在的图形。艺术家们利用视觉疲劳、空间透视、视觉残留等原理设计欺骗眼睛的"诡计"，让人的视觉产生错视、扭曲或律动等幻觉，所以欧普艺术也被称为"光效应艺术"和"视幻艺术"。

除了绘画上的应用，欧普艺术还被广泛用于建筑装饰、家具设计和平面设计等领域。在我们的刻板印象中，艺术和科学似乎相距遥远，一个天马行空，一个严谨深奥，可实际上两者联系紧密。文艺复兴时代的达·芬奇不仅是艺术家，也是科学家和发明家。他在创作油画时对人体比例、三维空间透视都进行了系统研究，开创的绘画方法直到今天仍在沿用。欧普艺术家为了达到想要的视错效果，也往往要对色彩和图案的变化进行精密的计算。作为一个老师，我希望孩子们能够不拘泥于单一学科的学习，打破界限，自由而无拘束地创作出新事物。

幻象

Decodin

在视错觉设计的教育领域，我们的邻国做得相对更早。日本是亚洲最早进行视错觉设计教育的国家，培养出大批优秀的平面设计师，其中北冈明佳被誉为"当代视错觉大师"。他创作的作品甚至被著名歌星用来做专辑封面设计。

这动得太快了吧！你确定这不是 GIF 动图？

你看这张图在动吗？

在本章实现的视错觉图片中，存在相反明暗关系的颜色排列顺序，比如有的是黑→青→白→黄，有的是黄→白→青→黑，两组色彩的明暗度呈反方向排列，就会产生移动的错觉。

你可以尝试修改代码，实现黑白线条的其他排布方式，生成更加神奇的视错觉图片。

18　波浪错觉

图 18-1

图 18-1 是一张静止的图片，但画面中的圆圈却感觉像波浪一样不停地运动，是不是很神奇？怎么自制一张这样的波浪错觉图片呢？我们打开海龟编辑器，一起用 Python 来编程实现吧！

01 安装 Pillow 库

利用 Pygame Zero 游戏开发库，我们绘制了多种错觉图片。然而 Pygame Zero 库仅能绘制直线、圆、矩形这三种几何图形，为了绘制图 18-1 中的错觉图片，可以应用图像处理库 Pillow。

打开海龟编辑器，单击"库管理"菜单。在弹出的"库管理"面板的左侧选择"图像处理"选项，单击 Pillow 右侧的"安装"按钮安装 Pillow 库。

Pillow 可认为是 Python 平台的图像处理标准库，同时也支持点（point）、直线（line）、椭圆（ellipse）、圆弧（arc）、填充圆弧（chord）、填充扇形（pieslice）、矩形（rectangle）、多边形（polygon）、

图 18-2

文本（text）等元素的绘制。读者也可以在线搜索"Pillow 库"，查看更详细的帮助文档。

为了验证 Pillow 库是否安装成功，输入并运行以下代码。

```
1    from PIL import Image, ImageDraw
2    im = Image.new('RGB', (800, 600), 'blue')
3    im.show()
```
18-1-1.py

第 1 行代码用于从 PIL（pillow）库中导入 Image（图像处理）模块和 ImageDraw（图像绘制）模块，在之后的代码中就可以使用相关的功能。

第 2 行代码用于创建一张 RGB 颜色模型的彩色图像，图像的宽为 800、高为 600，颜色为

蓝色,并赋给变量 im。

第 3 行代码调用 im 的显示函数,可以调用计算机的图片浏览程序,显示出 im 图像,运行效果如图 18-3 所示。

图 18-3

下面在黄色背景中绘制一个白色的半圆,效果如图 18-4 所示 。具体代码如下。

```
1   from PIL import Image, ImageDraw  # 导入库
2   # 新建空白彩色图像,设定宽度、高度和背景颜色
3   im = Image.new('RGB', (800, 600), (220, 220, 0))
4   # 在 im 图片上创建绘制对象 draw
5   draw = ImageDraw.Draw(im)
6   # 绘制填充圆弧,设定外切矩形左上角和右下角坐标、起始终止角度、颜色
7   draw.chord([300, 200, 500, 400], 0, 180, 'white')
8   im.show()  # 显示 im 图像
```

18-1-2.py

和 Pygame Zero 相似,Pillow 库除了可以用 'white' 等英文单词字符串,也可以用 (220, 220, 0) 这样的三原色数值设定颜色。

第 5 行代码在 im 图片上创建绘制对象 draw,就可以利用 draw 的 chord() 函数绘制填充圆弧了。

draw.chord([300, 200, 500, 400], 0, 180, 'white') 中:(300, 200)、(500, 400) 为对应圆的外切矩形左上角、右下角坐标;0 和 180 为圆弧起始、终止的对应角度(角度从水平位置右方开始,顺时针方向为正); 'white' 设定其颜色。

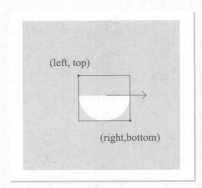

图 18-4

进一步添加代码，可以绘制出半个白色圆弧（从 0 度到 180 度）、半个黑色圆弧（从 180 度到 360 度）、内部紫色完整圆（从 0 度到 360 度）组合而成的图形，具体代码如下。

```
1   from PIL import Image, ImageDraw  # 导入库
2   # 新建空白彩色图像，设定宽度、高度和背景颜色
3   im = Image.new('RGB', (800, 600), (220, 220, 0))
4   # 在 im 图片上创建绘制对象 draw
5   draw = ImageDraw.Draw(im)
6
7   # 画出下半边填充白色圆弧
8   draw.chord([300, 200, 500, 400], 0, 180, 'white')
9   # 画出上半边填充黑色圆弧
10  draw.chord([300, 200, 500, 400], 180, 360, 'black')
11  offset = 10  # 内外圆弧的半径差
12  # 画出内部的紫色圆
13  draw.chord([300+offset, 200+offset, 500-offset,
14          400-offset], 0, 360, (150, 0, 250))
15
16  im.show()  # 显示 im 图像
```

18-1-3.py

由于先绘制的元素会被后绘制的覆盖，以上代码绘制出的效果如图 18-5 所示。

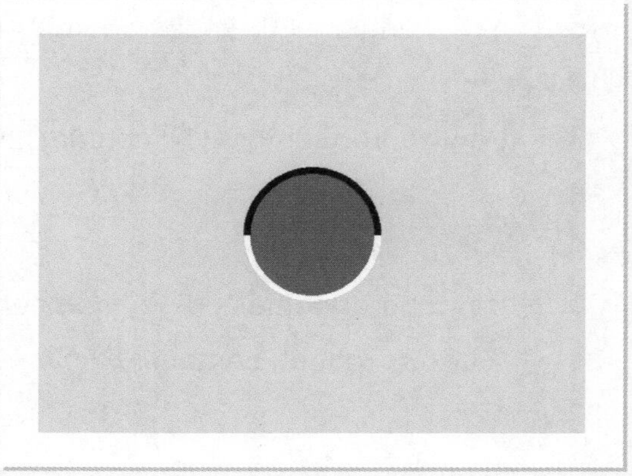

图 18-5

02 绘制圆弧阵列 ////////////////////////////////////

首先设定变量 centerX、centerY 记录当前圆心坐标，R 记录外围黑白圆弧半径，offset 记录内外圆弧的半径差，angle 记录白色半圆弧的起始角度，修改绘制代码如下。

```python
from PIL import Image, ImageDraw  # 导入库
# 新建空白彩色图像，设定宽度、高度和背景颜色
im = Image.new('RGB', (800, 600), (220, 220, 0))
# 在 im 图片上创建绘制对象 draw
draw = ImageDraw.Draw(im)

centerX = 400  # 当前圆心坐标
centerY = 300
R = 40  # 外围黑白圆弧半径
offset = 5  # 内外圆弧的半径差
angle = 45  # 白色半圆弧的起始角度

# 画出外围下半边填充白色圆弧
draw.chord([centerX-R, centerY-R, centerX+R, centerY+R],
        angle, 180+angle, 'white')
# 画出外围上半边填充黑色圆弧
draw.chord([centerX-R, centerY-R, centerX+R, centerY+R],
        angle+180, angle+360, 'black')
# 画出内部的紫色圆
draw.chord([centerX-R+offset, centerY-R+offset, centerX +
        R-offset, centerY+R-offset], 0, 360, (150, 0, 250))

im.show()  # 显示 im 图像
```

18-2-1.py

图 18-6

设定不同的起始角度 angle（均为 45 度的整数倍），可以绘制出图 18-6 中不同的圆弧效果。

然后设定画面中一共有 rowNum = 12 行、colNum = 16 列个圆弧，计算出画面的宽度 width、高度 height。利用 for 循环对列遍历，可以绘制出一行圆弧图形，效果如图 18-7 所示。具体代码如下。

```
1   from PIL import Image, ImageDraw  # 导入库                18-2-2.py
2   R = 40  # 外围黑白圆弧半径
3   offset = 5  # 内外圆弧的半径差
4   angle = 45  # 白色半圆弧的起始角度
5   rowNum = 12  # 一共多少行
6   colNum = 16  # 一共多少列
7   width = int(colNum*2.5*R)  # 画面宽度
8   height = int(rowNum*2.5*R)  # 画面高度
9
10  # 新建空白彩色图像，设定宽度、高度和背景颜色
11  im = Image.new('RGB', (width, height), (220, 220, 0))
12  # 在 im 图片上创建绘制对象 draw
13  draw = ImageDraw.Draw(im)
14
15  for i in range(colNum): # 对列遍历
16      centerX = 1.25*R + i*2.5*R  # 当前圆心坐标
17      centerY = height/2
18
```

```
19      # 画出外围下半边填充白色圆弧
20      draw.chord([centerX-R, centerY-R, centerX+R, centerY+R],
21          angle, 180+angle, 'white')
22      # 画出外围上半边填充黑色圆弧
23      draw.chord([centerX-R, centerY-R, centerX+R, centerY+R],
24          angle+180, angle+360, 'black')
25      # 画出内部的紫色圆
26      draw.chord([centerX-R+offset, centerY-R+offset, centerX +
27          R-offset, centerY+R-offset], 0, 360, (150, 0, 250))
28
29  im.show()  # 显示 im 图像
```

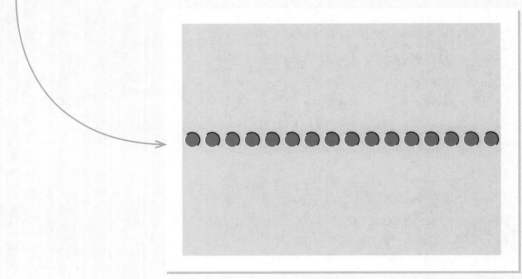

图 18-7

　　最后添加 for 循环对行遍历，并且根据行列号生成不同的起始角度 angle，即可得到图 18-8 中的效果。

```python
1    from PIL import Image, ImageDraw  # 导入库
2    R = 40  # 外围黑白圆弧半径
3    offset = 5  # 内外圆弧的半径差
4    rowNum = 12  # 一共多少行
5    colNum = 16  # 一共多少列
6    width = int(colNum*2.5*R)  # 画面宽度
7    height = int(rowNum*2.5*R)  # 画面高度
8
9    # 新建空白彩色图像，设定宽度、高度和背景颜色
10   im = Image.new('RGB', (width, height), (220, 220, 0))
11   # 在 im 图片上创建绘制对象 draw
12   draw = ImageDraw.Draw(im)
13
14   for j in range(rowNum):  # 对行遍历
15       centerY = 1.25*R + j*2.5*R  # 当前圆心 y 坐标
16       for i in range(colNum):  # 对列遍历
17           centerX = 1.25*R + i*2.5*R  # 当前圆心 x 坐标
18           angle = 45 * ((i+j) % 8)  # 白色半圆弧的起始角度
19           # 画出外围下半边填充白色圆弧
20           draw.chord([centerX-R, centerY-R, centerX+R, centerY+R],
21               angle, 180+angle, 'white')
22           # 画出外围上半边填充黑色圆弧
23           draw.chord([centerX-R, centerY-R, centerX+R, centerY+R],
24               angle+180, angle+360, 'black')
25           # 画出内部的紫色圆
26           draw.chord([centerX-R+offset, centerY-R+offset, centerX +
27               R-offset, centerY+R-offset],0,360,(150,0, 250))
28
29   im.show()  # 显示 im 图像
```

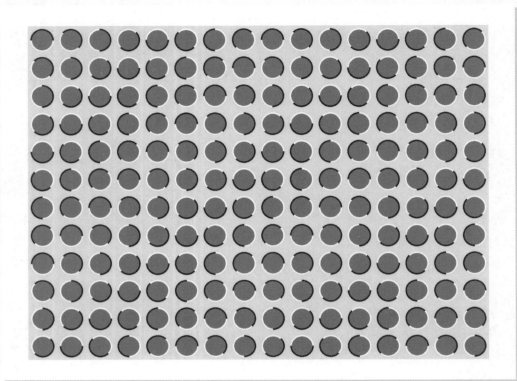

图 18-8

在 18-2-3.py 中，第 18 行代码设定白色半圆弧的起始角度 angle = 45 * ((i+j) % 8)，可以让不同行、列的圆弧角度周期性变化。你可以尝试利用其他计算公式，生成不同形式变化角度的错觉图片效果；你也可以在程序末尾添加代码 im.save('result.png')，看看运行后当前代码文件路径下是不是多了一个图片文件。

动动手

编写代码，尝试生成图 18-9 中的错觉图片，中间区域的圆圈仿佛在向左移动。

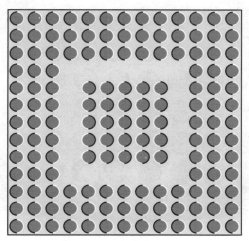

图 18-9

在 for 循环语句中，设定外围白色半圆弧的起始角度为 270 度，内部起始角度为 90 度，使得两部分图形方向正好相反。利用 if-elif-else 语句处理三种情况，在 else 语句中利用 continue 跳过循环不绘制，留出对应的空白区域。

幻象解密

Decoding Illusion

在本章实现的图片效果中，我们利用波点圆圈外围不同角度的黑白圆弧产生的对比效果，实现了波浪运动错觉，实际上也属于周边漂移错觉。

研究显示，并非人人都能看到这种运动错觉，有 5% 的人无法体验，但这不代表他们有缺陷。假如你能看到，会发现在眼光聚焦的地方，波点静止不动，而在余光触及的地方，即周边发生了运动错觉。

与第 17 章"融化的方块"类似，本章的波浪错觉图片也是利用色彩明暗关系的排列使静态图片产生波浪运动的错觉。仔细观察图 18-8，你会发现每个紫色圆圈都有高光（白边）和阴影（黑边），它们的角度呈规律性变化，由深到浅的颜色排列会让人产生虚幻的运动感。

产生波浪运动错觉的原因很可能是因为大脑对于对比度低的颜色过渡反应较慢，反之则较快，比如黑色和紫色之间的明暗对比度较低，而紫色和白色的明暗对比度较高，因此大脑在接收图像中的元素时出现了时间差，从快到慢的规律取决于所有元素色彩明暗关系的排列方向。

在图 18-1 的元素（圆圈）中，从暗到明的色彩顺序是黑色、紫色、白色，明暗排列方向相反的元素看起来就像在相向而动，所以出现了波浪运动错觉。

由于这种现象发现的时间不长，对于真正成因的研究还在进行中。如果你有兴趣，也可以试着深入探索，经过严谨的实验和研究，为视错觉科学作出贡献！

19　旋转蛇

图 19-1

在图 19-1 中,静止的圆盘看起来却有在转动的错觉,太神奇了!下面我们一起用 Python 编程实现这种效果吧!

01 绘制扇形 ///////////////////////////////

旋转蛇错觉（Rotating Snakes illusion）图片可由不同颜色的扇形组合而成，函数 draw.pieslice([left, top, right, bottom], stangle, endangle, color) 可以绘制填充扇形。其中 [left, top, right, bottom] 为扇形对应圆的外切矩形的左上角、右下角坐标，stangle、endangle 为扇形的起始角、终止角，color 为扇形对应的颜色。运行以下代码，可以绘制出一个扇形，效果如图 19-2 所示。

```
from PIL import Image, ImageDraw  # 导入图像处理库


# 新建空白图像，设定宽度、高度和背景颜色
im = Image.new('RGB', (600, 600), 'gray')
# 在 im 图片上创建绘制对象 draw
draw = ImageDraw.Draw(im)


centerX = 300  # 圆心坐标
centerY = 300
radius = 200  # 圆半径
left = centerX – radius  # 圆外切矩形左上角 x 坐标
top = centerY – radius  # 圆外切矩形左上角 y 坐标
right = centerX + radius  # 圆外切矩形右下角 x 坐标
bottom = centerY + radius  # 圆外切矩形右下角 y 坐标

# 绘制空心圆弧，设置外切矩形坐标、起始终止角度、颜色
draw.arc([left, top, right, bottom], 0, 360, 'red')
# 绘制填充扇形，设置外切矩形坐标、起始终止角度、颜色
draw.pieslice([left, top, right, bottom], 30, 60, 'green')
im.show()  # 显示 im 图像
```

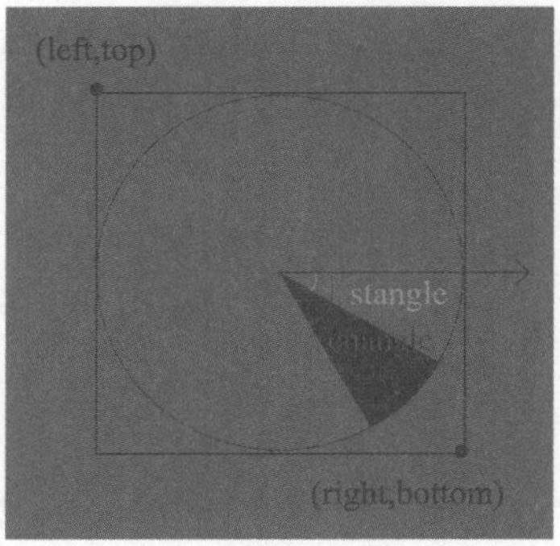

19-1-1.py

图 19-2

旋转蛇的一个圆盘由两组（每组两种）颜色组成，人脑处理高对比度颜色（比如黑与白）的时间，要比处理低对比度颜色（比如红与青）短很多。我们会先感知到黑白图案，后感知到红青图案，这个时间差会导致相对运动的效果，从而产生旋转的错觉。

为了强化这种错觉，我们让每个黑、白扇形的跨越角度为 3 度，红、青扇形的角度为 6 度，一组黑、红、白、青扇形角度和为 18 度。以下代码绘制一个扇形单元，效果如图 19-3 所示。

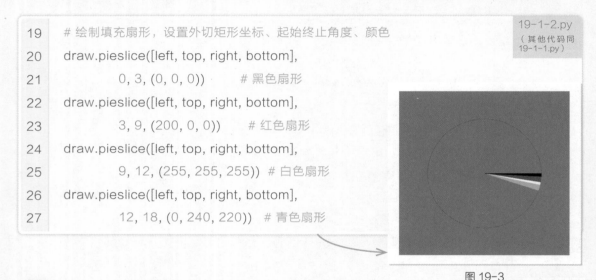

```
19    # 绘制填充扇形，设置外切矩形坐标、起始终止角度、颜色
20    draw.pieslice([left, top, right, bottom],
21          0, 3, (0, 0, 0))      # 黑色扇形
22    draw.pieslice([left, top, right, bottom],
23          3, 9, (200, 0, 0))      # 红色扇形
24    draw.pieslice([left, top, right, bottom],
25          9, 12, (255, 255, 255))  # 白色扇形
26    draw.pieslice([left, top, right, bottom],
27          12, 18, (0, 240, 220))   # 青色扇形
```

19-1-2.py
（其他代码同
19-1-1.py）

图 19-3

02 绘制一个圆盘

扫码看视频

首先利用 for 语句，依次绘制出 20 组扇形单元，一组扇形单元角度和为 18 度，20 组正好组成图 19-4 的完整圆盘（360 度），具体代码如下。

```
19    for i in range(20): # 绘制 20 组扇形单元
20        offset = i*18 # 当前组扇形的起始角度
21        # 绘制填充扇形，设置外切矩形坐标、起始终止角度、颜色
22        draw.pieslice([left, top, right, bottom],
23          offset, offset+3, (0, 0, 0))      # 黑色扇形
```

19-2-1.py
（其他代码同
19-1-2.py）

```
24    draw.pieslice([left, top, right, bottom],
25        offset+3, offset+9, (200, 0, 0))        # 红色扇形
26    draw.pieslice([left, top, right, bottom],
27        offset+9, offset+12, (255, 255, 255))   # 白色扇形
28    draw.pieslice([left, top, right, bottom],
29        offset+12, offset+18, (0, 240, 220))    # 青色扇形
```

图 19-4

然后添加循环语句，让半径从大变小，绘制出图 19-5 的多层圆盘，具体实现代码如下。

```
                                                                     19-2-2.py
1     from PIL import Image, ImageDraw  # 导入图像处理库
2
3     # 新建空白图像，设定宽度、高度和背景颜色
4     im = Image.new('RGB', (600, 600), 'gray')
5     # 在 im 图片上创建绘制对象 draw
6     draw = ImageDraw.Draw(im)
7
8     centerX = 300  # 圆心坐标
9     centerY = 300
10    totalOffset = 0  # 不同半径之间扇形的角度偏移量
11
12    for radius in range(200, 0, -50):  # 遍历圆半径
13        left = centerX - radius  # 圆外切矩形左上角 x 坐标
14        top = centerY - radius  # 圆外切矩形左上角 y 坐标
15        right = centerX + radius  # 圆外切矩形右下角 x 坐标
16        bottom = centerY + radius  # 圆外切矩形右下角 y 坐标
17        for i in range(20):  # 绘制 20 组扇形单元
18            offset = i*18 + totalOffset  # 当前组扇形的起始角度
```

```
19          # 绘制填充扇形，设置外切矩形坐标、起始终止角度、颜色
20          draw.pieslice([left, top, right, bottom],
21              offset, offset+3, (0, 0, 0))        # 黑色扇形
22          draw.pieslice([left, top, right, bottom],
23              offset+3, offset+9, (200, 0, 0))      # 红色扇形
24          draw.pieslice([left, top, right, bottom],
25              offset+9, offset+12, (255, 255, 255)) # 白色扇形
26          draw.pieslice([left, top, right, bottom],
27              offset+12, offset+18, (0, 240, 220)) # 青色扇形
28      totalOffset = totalOffset + 9  # 不同半径间角度偏移 9 度
29
30  im.show()  # 显示 im 图像
```

19-2-2.py

图 19-5

由于先绘制的会被后绘制的遮挡，因此需要先绘制半径大的扇形，再绘制半径小的扇形。另外，不同半径的扇形之间有 9 度的角度偏移。

03 绘制多个圆盘

扫码看视频

添加两重 for 循环遍历圆心坐标 centerX 和 centerY，可以绘制出图 19-6 的多个圆盘，具体实现代码如下。

```
1   from PIL import Image, ImageDraw  # 导入图像处理库
2
3   # 新建空白图像，设定宽度、高度和背景颜色
4   im = Image.new('RGB', (1600, 1200), 'gray')
5   # 在 im 图片上创建绘制对象 draw
```

19-3-1.py

```
6    draw = ImageDraw.Draw(im)

7

8    totalOffset = 0  # 不同半径之间扇形的角度偏移量
9    for centerX in range(200, 1600, 400): # 对圆心 x 坐标循环
10       for centerY in range(200, 1200, 400): # 对圆心 y 坐标循环
11          for radius in range(200, 0, -50): # 遍历圆半径
12             left = centerX - radius  # 圆外切矩形左上角 x 坐标
13             top = centerY - radius  # 圆外切矩形左上角 y 坐标
14             right = centerX + radius  # 圆外切矩形右下角 x 坐标
15             bottom = centerY + radius  # 圆外切矩形右下角 y 坐标
16             for i in range(20): # 绘制 20 组扇形单元
17                offset = i*18 + totalOffset # 当前组扇形的起始角度
18                # 绘制填充扇形，设置外切矩形坐标、起始终止角度、颜色
19                draw.pieslice([left, top, right, bottom],
20                   offset, offset+3, (0, 0, 0))  # 黑色扇形
21                draw.pieslice([left, top, right, bottom],
22                   offset+3, offset+9, (200, 0, 0)) # 红色扇形
23                draw.pieslice([left, top, right, bottom],
24                   offset+9, offset+12, (255,255,255)) # 白色扇形
25                draw.pieslice([left, top, right, bottom],
26                   offset+12, offset+18, (0,240,220)) # 青色扇形
27          totalOffset = totalOffset + 9 # 不同半径间角度偏移 9 度

28

29   im.show() # 显示 im 图像
```

图 19-6

为了生成不同颜色的圆盘效果，可以使用 HSV 颜色模型，如图 19-7 所示。

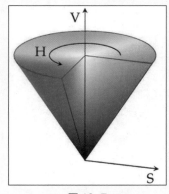

图 19-7

H 是 Hue 的首字母，表示色调，取值范围为 0 到 255，用于刻画不同的色彩；S 是 Saturation 的首字母，表示饱和度，取值范围为 0 到 255，表示混合了白色的比例，值越高颜色越鲜艳；V 是 Value 的首字母，表示明度，取值范围是 0 到 255，取值 0 时为黑色，取值 255 时最明亮。

新建空白图像时，可以直接将图像设置为 HSV 颜色模型，代码如下。

```
# 新建空白图像，设定宽度、高度和背景颜色
im = Image.new('HSV', (1600, 1200), (0,0,150))
```

保存图像前，可以使用右侧代码先用 convert() 函数将图像转换为 RGB 模式。

```
im = im.convert('RGB') # 把 HSV 模式转换为 RGB 模式
im.save('result.png')  # 保存 im 图像
```

在绘制不同圆盘时，具体如右侧代码，设定 0 到 123 之间的随机数 h 为颜色 color1 的色调，h+121 为 color2 的色调，color2 是 color1 的补色。

```
h = random.randint(0, 123) # 随机色调
color1 = (h,180,200) # 颜色 1
color2 = (h+121, 180, 200) # 颜色 2
```

以黑色、白色、color1、color2 设定为圆盘的 4 种颜色，可以得到的效果如图 19-8 所示。

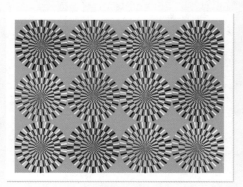

图 19-8

完整代码如下。

```
1   from PIL import Image, ImageDraw  # 导入图像处理库
2   import random  # 导入随机库
3
4   # 新建空白图像，设定宽度、高度和背景颜色
5   im = Image.new('HSV', (1600, 1200), (0, 0, 150))
6   # 在 im 图片上创建绘制对象 draw
7   draw = ImageDraw.Draw(im)
8
9   totalOffset = 0  # 不同半径之间扇形的角度偏移量
10  for centerX in range(200, 1600, 400):  # 对圆心 x 坐标循环
11    for centerY in range(200, 1200, 400):  # 对圆心 y 坐标循环
12      h = random.randint(0, 123)  # 随机色调
13      color1 = (h,180,200)  # 颜色 1
14      color2 = (h+121, 180, 200)  # 颜色 2
15      for radius in range(200, 0, -50):  # 遍历圆半径
16        left = centerX - radius  # 圆外切矩形左上角 x 坐标
17        top = centerY - radius  # 圆外切矩形左上角 y 坐标
18        right = centerX + radius  # 圆外切矩形右下角 x 坐标
19        bottom = centerY + radius  # 圆外切矩形右下角 y 坐标
20        for i in range(20):  # 绘制 20 组扇形单元
21          offset = i*18 + totalOffset  # 当前组扇形的起始角度
22          # 绘制填充扇形，设置外切矩形坐标、起始终止角度、颜色
23          draw.pieslice([left, top, right, bottom],
24            offset, offset+3, (0, 0, 0))    # 黑色扇形
25          draw.pieslice([left, top, right, bottom],
26            offset+3, offset+9, color1)  # 随机颜色 1 扇形
27          draw.pieslice([left, top, right, bottom],
```

217

```
28              offset+9, offset+12, (0, 0, 255)) # 白色扇形
29          draw.pieslice([left, top, right, bottom],
30              offset+12, offset+18, color2)  # 随机颜色 2 扇形
31          totalOffset = totalOffset + 9 # 不同半径间角度偏移 9 度
32

33  im.show()  # 显示 im 图像
34  im = im.convert('RGB')  # 把 HSV 模式转换为 RGB 模式
35  im.save('result.png')  # 保存 im 图像
```

　　每次运行代码后，圆盘的颜色随机，因此就可以生成色彩丰富多变的旋转蛇错觉图片，效果如图 19-9 所示。

图 19-9

动动手

　　编程绘制图 19-10 中的 HSV 色盘：角度从 0 度到 360 度，显示对应不同的色调（不同的色彩）；从内到外，饱和度逐渐增加（颜色越来越鲜艳）。

图 19-10

将角度从 [0,360] 映射为 [0,255] 时，注意需要用 int() 函数将计算得到的小数类型转换为整数，然后才能用于设定相应的色调。

我们在前文曾经提及旋转蛇错觉，它是北岗明佳最著名的作品。1999 年，北岗明佳在研究螺旋错觉时，正值中国的兔年新年，他便将兔子设计成新年贺卡的基本型，创作了螺旋式的兔子图案，但当时他并未意识到这张图片的旋转运动。2003 年，他创作了由多个磁盘组成的"兔螺旋"，在日本广为流传。有了这些创作的基础，2005 年他在弗雷泽－威尔科克斯错觉（见第 12 章）的启发下创作了旋转蛇。

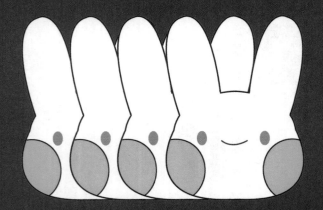

在旋转蛇作品中，北岗明佳将周边漂移错觉大幅升级，使旋转运动变得更为明显，能感受到旋转错觉的人从原来的 75% 上升至 95%。根据已有的研究，有人认为旋转蛇的形成与规律性的明暗变化有关，有人认为与自身的眼部运动有关。

在前文中，我们已经介绍过人对不同对比度的颜色存在反应的时间差，这是因为人的视觉系统对外界刺激信息的反应有一个过程，称为"反应潜伏期"。在本章制作的旋转蛇图片中（见图 19-9），我们为不同的圆盘设置了不同颜色，但是每个圆盘都有四种颜色的搭配，其规律都是黑、白与另外两种颜色搭配。我们在识别高对比度的黑、白两种颜色时，反应潜伏期较短；而在识别低对比度的另外两种颜色时，反应潜伏期较长。因此我们先看到黑、白，再看到另外两种颜色，就会产生圆盘由黑、白向另外两种颜色的方向运动的错觉。

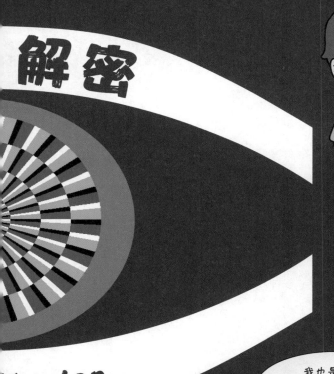

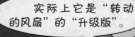

我以为波浪错觉就够炫了，没想到旋转蛇是"Plus版"。

实际上它是"转动的风扇"的"升级版"。

还有一种说法是人的头部或者眼球在运动时，视网膜的成像是模糊的，大脑会对它进行"脑补"，根据经验和预判补偿视觉，以此来保持人眼感受世界的连贯性，而旋转蛇就是视觉补偿造成的错觉。

我也是一条'旋转蛇'，希望能给你带来创作的灵感哟！

Python（蟒蛇）

20 栅格错觉动画

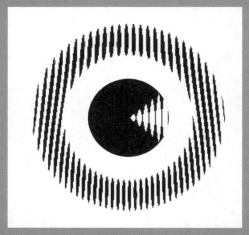

图 20-1

图 20-1 是一张静止图片，然而当我们把一张有黑色条纹的栅格图案在它前面水平移动时，图片似乎动了起来，如图 20-2 所示。

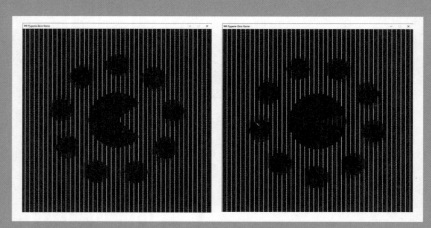

图 20-2

画面中间似乎有一个嘴巴不断开闭的吃豆人（黑色填充扇形），在它的周围有一圈绕着它逆时针方向旋转的豆子（黑色小圆圈）。下面我们一起用 Python 来编程实现这个神奇的错觉效果吧！

扫码观看
程序效果

绘制静态动作图片 //////////////////////////////

首先绘制一张静态动作图片，中间的填充扇形表示张开嘴巴的吃豆人，周围一圈 9 个小圆圈表示 9 个豆子，生成的图片保存为 packMan.png 文件，效果如图 20-3 所示。具体实现代码如下。

```
1   from PIL import Image, ImageDraw  # 导入图像处理库
2   import math  # 导入数学库
3   WIDTH = 1000  # 设置窗口的宽度
4   HEIGHT = 1000  # 设置窗口的高度
5   centerX = WIDTH//2  # 画面中心坐标
6   centerY = HEIGHT//2
7   R = 150  # 中间吃豆人大圆半径
8   r = 60  # 外面一圈豆子的小圆半径
9   d = 300  # 吃豆人大圆、豆子小圆的圆心间的距离
10
11  # 新建空白图像，设定宽度、高度和背景颜色
12  im = Image.new('RGB', (WIDTH, HEIGHT), 'white')
13  # 在 im 图片上创建绘制对象 draw
14  draw = ImageDraw.Draw(im)
15
16  # 吃豆人张开嘴巴的角度的一半
17  mouseAngle = 40
18  # 用填充扇形绘制吃豆人图案
19  draw.pieslice([centerX-R, centerY-R, centerX+R, centerY+R],
20      mouseAngle, 360-mouseAngle, 'black')
21
22  angleBetweenBeans = 40  # 相邻两个豆子和画面中心组成的夹角
23  # 对于圆周上的所有豆子的角度遍历
```

20-1.py

```
24    for angle in range(0, 360, angleBetweenBeans):
25        # 计算豆子小圆的圆心坐标
26        x = centerX + d*math.sin(angle*math.pi/180)
27        y = centerY + d*math.cos(angle*math.pi/180)
28        # 绘制当前豆子小圆圈
29        draw.chord([x-r, y-r, x+r, y+r], 0, 360, 'black')
30
31    im.save('packMan.png')  # 保存图像文件
```
20-1.py

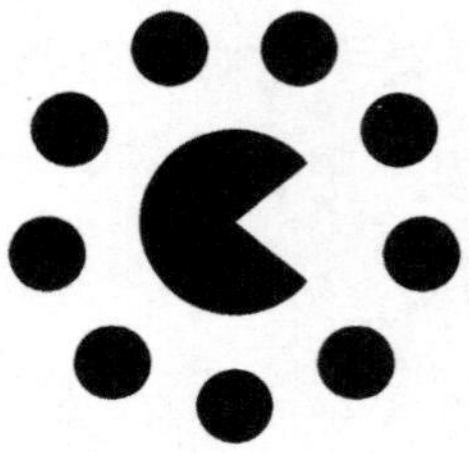

图 20-3

02 绘制运动图片序列

进一步，通过以下代码让中间扇形的开闭角度周期变化，周围的小圆圈旋转，并且将一个周期的动作序列依次保存为若干数量的图片，代码中用 imagesNum 表示，如图 20-4 所示。

```
1     from PIL import Image, ImageDraw  # 导入图像处理库
2     import math  # 导入数学库
3     WIDTH = 1000  # 设置窗口的宽度
4     HEIGHT = 1000  # 设置窗口的高度
5     centerX = WIDTH//2  # 画面中心坐标
6     centerY = HEIGHT//2
7     R = 150  # 中间吃豆人大圆半径
8     r = 60  # 外面一圈豆子的小圆半径
9     d = 300  # 吃豆人大圆、豆子小圆的圆心间的距离
10    imagesNum = 8  # 一共生成几张动作图片
11    angleBetweenBeans = 40  # 相邻两个豆子和画面中心组成的夹角
12
```
20-2.py

```
13    # 新建空白图像，设定宽度、高度和背景颜色
14    im = Image.new('RGB', (WIDTH, HEIGHT), 'white')
15    # 在 im 图片上创建绘制对象 draw
16    draw = ImageDraw.Draw(im)
17
18    for id in range(imagesNum):  # 依次绘制出动作序列图片
19        # 绘制白色矩形，相当于清空画面
20        draw.rectangle((0, 0, WIDTH, HEIGHT), 'white')
21
22        # 吃豆人张开嘴巴的角度的一半，随着 id 值而周期变化
23        mouseAngle = 40*math.sin(id*math.pi/imagesNum)
24        # 用填充扇形绘制吃豆人图案
25        draw.pieslice([centerX-R, centerY-R, centerX+R, centerY+R],
26                mouseAngle, 360-mouseAngle, 'black')
27
28        # 当前角度偏移值，imagesNum 个动作正好转动 angleBetweenBeans 度
29        angleShift = -(id/imagesNum)*angleBetweenBeans
30        # 对于圆周上的所有豆子的角度遍历
31        for angle in range(0, 360, angleBetweenBeans):
32            # 计算豆子小圆的圆心坐标
33            x = centerX + d*math.sin((angleShift+angle)*math.pi/180)
34            y = centerY + d*math.cos((angleShift+angle)*math.pi/180)
35            # 绘制当前豆子小圆圈
36            draw.chord([x-r, y-r, x+r, y+r], 0, 360, 'black')
37
38        im.save('packMan'+str(id)+'.png')     # 保存当前 id 的动作图像文件
```

227

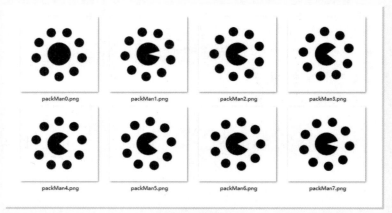

packMan0.png packMan1.png packMan2.png packMan3.png

packMan4.png packMan5.png packMan6.png packMan7.png

图 20-4

03 合成栅格图案 //////////////////////////

扫码看视频

在右侧的代码中，Pillow 库可以利用
open() 函数打开已有的图片文件。

```
# 新建空白图像，设定宽度、高度和背景颜色
im = Image.open('packMan0.png')
```

在右侧的代码中，利用 load() 函数，可以获得图
片所有像素的信息，也就是图片上所有点的颜色值。

```
px = im.load() # 导入图片像素
```

利用 px[i,j] 的形式，可以输出或者赋值图片上 i 行 j 列的像素值。

以下代码依次读取上面生成的 packMan0.png 到 packMan7.png 这 8 张动作分解图片，
依次抽取每张照片 1/8 的列，可以得到图 20-5 的 8 张图片。

```
1   from PIL import Image, ImageDraw  # 导入图像处理库
2   WIDTH = 1000  # 设置窗口的宽度
3   HEIGHT = 1000  # 设置窗口的高度
4   imagesNum = 8  # 一共几张动作图片
5   # 一组栅格由 imagesNum-1 个黑色竖条和 1 个白色竖条组成
```

20-3-1.py

```
6    gridWidth = 3  # 竖条宽度为 gridWidth
7
8    for id in range(imagesNum): # 对所有动作图片遍历
9        # 新建空白图像，设定宽度、高度和背景颜色
10       im = Image.new('RGB', (WIDTH, HEIGHT), 'white')
11       px = im.load()  # 导入图片像素
12
13       # 打开 id 序号对应的动作图片
14       imFrom = Image.open('packMan'+str(id)+'.png')
15       pxFrom = imFrom.load()  # 导入动作图片的像素
16
17       for i in range(WIDTH): # 对列遍历
18           # 抽取当前动作图片的 imagesNum 分之一列的像素，赋给新图片
19           if (i//gridWidth) % imagesNum == id:
20               for j in range(HEIGHT):
21                   px[i,j] = pxFrom[i,j]
22
23       im.save('sample'+str(id)+'.png')  # 保存当前 id 的动作图像文件
```

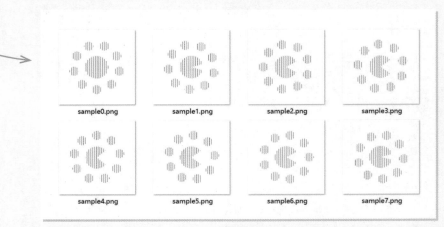

图 20-5

进一步修改代码，将图 20-5 中的 8 幅动作采样图片合成，得到最终的合成栅格图案，如图 20-6 所示。具体实现代码如下。

```python
1   from PIL import Image, ImageDraw  # 导入图像处理库
2   WIDTH = 1000  # 设置窗口的宽度
3   HEIGHT = 1000  # 设置窗口的高度
4   imagesNum = 8  # 一共几张动作图片
5   # 一组栅格由 imagesNum-1 个黑色竖条和 1 个白色竖条组成
6   gridWidth = 3  # 竖条宽度为 gridWidth
7
8   # 新建空白图像，设定宽度、高度和背景颜色
9   im = Image.new('RGB', (WIDTH, HEIGHT), 'white')
10  px = im.load()  # 导入图片像素
11
12  for id in range(imagesNum):  # 对所有动作图片遍历
13      # 打开 id 序号对应的动作图片
14      imFrom = Image.open('packMan'+str(id)+'.png')
15      pxFrom = imFrom.load()  # 导入动作图片的像素
16      for i in range(WIDTH):  # 对列遍历
17          # 抽取当前动作图片的 imagesNum 分之一列的像素，赋给新图片
18          if (i//gridWidth) % imagesNum == id:
19              for j in range(HEIGHT):
20                  px[i, j] = pxFrom[i, j]
21
22  im.show()  # 显示 im 图像
23  im.save('images/result.png')  # 保存拼接后的 im 图像文件
```

（20-3-2.py）

注意 im.save('images/result.png') 用于将 result.png 图片文件保存在当前代码所在目录下的 images 子目录下。

图 20-6

扫码看视频

04 播放栅格动画

以下代码利用 Pygame Zero 库打开合成栅格图片 result.png，并在其前面绘制水平移动的黑色栅格图案，可以看到图片运动的错觉效果，如图 20-7 所示。

```
1   from PIL import Image, ImageDraw  # 导入图像处理库
2   import pgzrun  # 导入游戏库
3
4   im = Image.open("images\\result.png")  # 打开图像文件
5   w, h = im.size  # 获得图像文件尺寸
6   WIDTH = w  # 设置窗口的宽度
7   HEIGHT = h  # 设置窗口的高度
8   pic = Actor('result.png')  # 游戏库打开合成图片文件
9   imagesNum = 8  # 一共几张动作图片
10  # 一组栅格由 imagesNum-1 个黑色竖条和 1 个白色竖条组成
11  gridWidth = 3  # 竖条宽度为 gridWidth
12
13  startX = WIDTH  # 黑白条纹的起始 x 坐标
14
15  def update():  # 更新模块，每帧重复操作
16      global startX  # 全局变量
17      startX -= 1  # 黑白条纹向左移动
18
19  def draw():  # 绘制模块，每帧重复执行
20      pic.draw()  # 显示合成图片
21      # 以下绘制多组栅格图案中的黑色竖条
22      # 每帧仅能看到 imagesNum 分之一的合成图片效果
23      for x in range(startX, startX+2*WIDTH, imagesNum*gridWidth):
```

20-4.py

```
24          box = Rect((x, 0), ((imagesNum−1)*gridWidth, HEIGHT))
25          screen.draw.filled_rect(box, 'black')
26
27    pgzrun.go()  # 开始执行游戏
```

　　利用 Pygame Zero 库，pic = Actor('result.png') 语句导入与当前代码文件同一路径的 images 文件夹下的 result.png 图片文件，并用变量 pic 记录，pic.draw() 就可以将这张图片绘制出来。

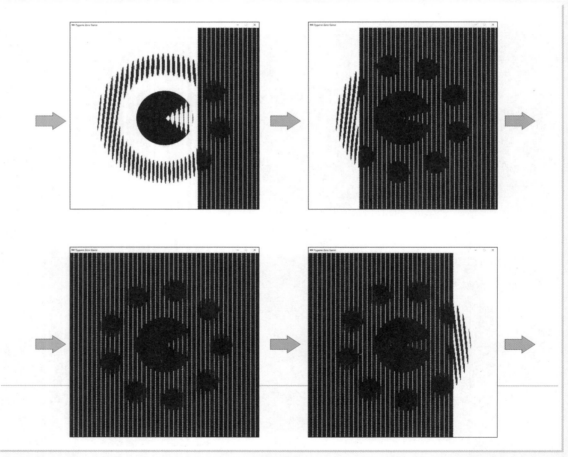

图 20-7

本章素材文件中提供了一个模糊心形图片文件（heart.jpg），如图20-8所示。

编程实现图20-9中的错觉效果，心形图案的大小仿佛一直在变化，就像心脏在跳动一样。

图 20-8

图 20-9

首先导入并显示心形图片，然后绘制长轴长度为画面高度、短轴长短不一的椭圆，就可以得到图20-9的效果啦！

本章实现的栅格错觉动画也叫"光栅动画"（Ombro Cinema）或"遮挡栅格动画"（Barrier Grid Animation），其原理是每次移动只能透过栅格看到一个动作图片的部分图案，大脑会把其他被遮挡的部分自动补全，当栅格移动时就可以看到图案运动的错觉。

栅格错觉动画的技术源于 19 世纪末，与视差立体摄影术的发展同期，被视为立体光栅印刷的前身，不过尽管已经被立体光栅技术超越，栅格错觉动画直到现在还在使用，因为它的制作成本很低。

栅格错觉动画有时也叫莫尔条纹动画，因为它的效果与 18 世纪的法国研究人员莫尔发明的光学现象有关。莫尔条纹指的是两条线或两个物体之间以恒定的角度和概率发生干涉的视觉结果，当人眼无法分辨这两条线或两个物体时，只能看到干涉的花纹。

制作栅格错觉动画的要素就是设计两张图片，一张是叠加了不同动作并做特殊处理的底图，另一张是画有栅格的透明胶片，将胶片放在底图上移动时就可以产生动画效果。除了用 Python 绘图，你还可以用纸笔手绘制作，或者使用计算机绘图软件 Photoshop 也可以实现。

栅格错觉催生了许多有趣的艺术作品。1898 年出版的一本动画书就是利用有黑色栅格的透明胶片和书上的图片结合产生动画错觉。法国后印象派画家亨利·德图卢兹还为它专门绘制了封面图——一个女人用一张透明胶片观看书上的图片。

1967 年，意大利艺术家维尔吉利奥·维洛雷西（Virgilio Villoresi）和维尔吉尼亚·莫里（Virginia Mori）为美国歌手约翰·梅尔（John Mayer）制作了一首歌的 MV，名为《核潜艇实验，1967 年 1 月》（*Submarine Test, January 1967*）。整个 MV 没有真人演出，也没有计算机特效，只使用手动操作图片完成动画拍摄，效果十分奇幻。

其实莫尔条纹不仅用于制作光栅动画，在日常生活中也很常见，比如你用手机镜头对着计算机屏幕拍摄时，会发现莫尔条纹的存在。此外，莫尔条纹还常用于防伪加密，比如有些证件和纸币在局部添加了致密的条纹，这样会使它们在扫描和复印时丢失细节，不容易被复制。

在学完本章的 Python 案例后，你可以尝试生成其他的动画图片序列，修改代码实现相应的栅格动画错觉。还可以输入预先制作好的分解动作图片，用代码生成新的栅格动画错觉效果，比如一个行走动画，或者蜂鸟飞行的序列动画。如果你想体验纸上的光栅动画，赶快翻到"视觉实验室（3）"看看吧！

OPTICAL LABORATORY

21 视觉实验室（3）

1 光栅动画

　　在第 20 章我们了解了栅格错觉动画（即光栅动画）后，现在要在不使用计算机等电子产品的情况下体验"不插电的动画"。在本书封面中拿出带有黑色栅格的塑料片，放在以下这些图上慢速拖动，你会看到很多好玩的动图哟！

图 21-1

编程猫过马路

图 21-2   奔跑的阿短

图 21-3

黑猫卖萌

图 21-4　　　　　　　　　　　　　蝶恋花

图 21-5

植物大战

图 21-6

小狗来了

图 21-7

小可和猫咪

2 撒切尔错觉

撒切尔错觉，也叫撒切尔效应，是由彼得·汤普森（Peter Thompson）首先提出的概念。它指的是当人脸倒过来看时，一些局部特征的变化很难被人发现，而这样的变化如果发生在正立的脸上则非常明显。这个错觉的名字来源于英国首相玛格丽特·撒切尔，她的脸据称最具有这样的特征。观察图 21-8，先正立看，你知道倒过来的人脸有什么异常吗？然后再倒过来看看。

图 21-8

图片旋转的动画效果也可以用 Python 代码实现，具体代码如下。

```
1    face = Actor('facePic')  # 导入人脸图片
2    def update():  # 更新模块
3        face.angle = face.angle + 1  # 角度增加，即慢慢旋转人脸
```

现在我们来做一个小实验，请给图 21-9 的头像分别贴上眼睛和嘴巴的贴纸。注意哦，在正立的头像中要正确贴上眼睛和嘴巴，而在倒立的头像中眼睛和嘴巴的方向要和脸的方向相反。贴完图片后，试着正立看看，然后再倒过来看看，对比之下，是不是正立图片时不容易看出倒立头像的异常呢？

图 21-9

3 自制"旋转蛇"

根据第 19 章的内容我们知道，根据已有的研究，旋转蛇的形成与规律性的明暗变化以及人自身的眼部运动有关。现在我们来做几个小实验，请你将缺失的贴纸贴到相应的图中。注意图片明暗位置的变化规律哟！按照规律贴好贴纸后，看看图片是否出现旋转的视错觉呢？

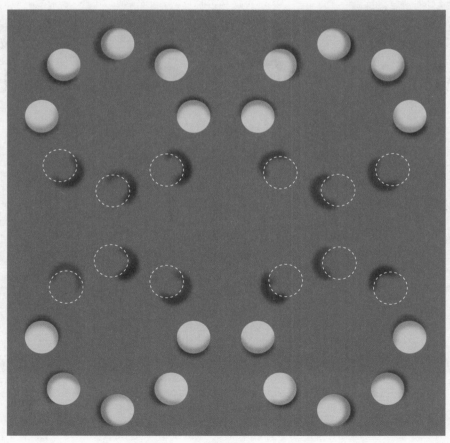

图 21-10

图 21-11

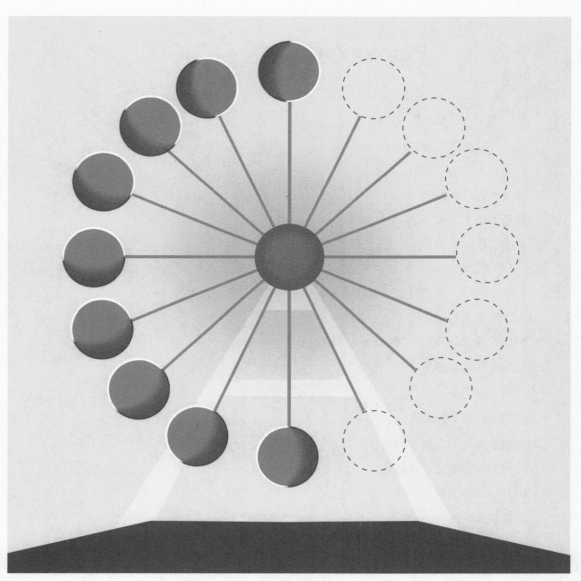

图 21-12

附 录

Pygame Zero 和 Pillow 库知识索引

一、Pygame Zero 游戏开发库

1. 游戏开发库的安装（1-03-(6)）

2. 程序基本框架（2-01、4-01）

3. 窗口坐标系（2-01）

4. 窗口大小（2-02）

5. 基本元素的绘制

1）实心圆、空心圆（2-03、9-01）　　2）线条（10-01）　　3）矩形（2-01）　　4）背景（3-01）　　5）颜色的表示与设置（2-01、8-01）

6. 文字输出（3-02）

7. 图片的导入与显示（20-04）

8. 鼠标交互（4-03）

二、Pillow 图像处理库

1. 图像处理库的安装（18-01）

2. 图像的创建与显示（18-01）

3. 图片导入与保存（20-03、18-02）

4. 图片像素处理（20-03）

5. 基本元素的绘制

1）填充圆弧、空心圆弧（18-01）　　2）填充扇形（19-01）

3）颜色的表示与设置（18-01、19-03）